PRINCIPES DE NUMÉRATION.

Les formalités exigées par la loi ont été remplies.

PRINCIPES

DE

NUMÉRATION

A l'usage des Ouvriers

ET DES

ÉCOLES PRIMAIRES DU DÉGRÉ INFÉRIEUR,

PAR

Un ami de l'instruction populaire.

PRIX : 35 centimes.

CAMBRAI,

Imprimerie et Lithographie de J. CHANSON
Libraire, Place-au-Bois, 14.

—

1839.

SIGNES

EMPLOYÉS EN ARITHMÉTIQUE.

+ signifie plus
— . . . . . moins
= . . . . . égal
× . . . . . multiplié par
÷ . . . . . divisé par
> . . . . . plus grand que
< . . . . . plus petit que
: . . . . . est à

PRINCIPES
DE
NUMÉRATION.

PREMIÈRE PARTIE.

NOMBRES ENTIERS.

L'Arithmétique nous apprend toutes les opérations qu'on peut effectuer sur les nombres.

On appelle nombre la réunion de plusieurs unités de même espèce. L'unité est un objet unique, pris arbitrairement dans la nature, et qui nous sert de terme do comparaison pour connaître les objets de même espèce.

On nomme grandeur ou quantité tout ce qui est susceptible d'augmentation ou de diminution.

Mesurer une quantité, c'est la comparer avec une autre quantité de même espèce, afin de voir combien de fois elle la contient.

La numération est l'art d'exprimer et d'écrire tous les nombres à l'aide de certains signes nommés chiffres. On distingue deux sortes de numérations, l'une *parlée*, l'autre *écrite*. La première consiste à donner à tous les nombres des noms faciles à retenir

et à énoncer ; l'autre nous apprend à représenter tous ces nombres par des caractères ou signes habilement combinés.

Dans le système décimal, ainsi appelé
parce que, dans l'ordre des unités, en allant de gauche à droite, celle qui suit vaut
dix fois moins que celle qui précède, on a
adopté des mots particuliers pour désigner
les neuf premiers nombres, savoir : *Un,
deux, trois, quatre, cinq, six, sept, huit* et
neuf. Voilà les unités simples, ou du premier ordre

Cela posé, en ajoutant une seule unité
aux neuf premières, on forme le nombre
dix, et on ne considère ce nombre que
comme une unité d'un ordre différent, à
laquelle on donne le nom de dizaine. On
compte par dizaines comme on avait
compté par unités simples, et en combinant avec ces dizaines les unités simples,
on arrive à former le nombre 99.

Si, à ce dernier nombre, on ajoute une
seule unité. on forme le nombre cent, que
l'on considère comme une nouvelle unité
qui prend le nom de *centaine* et qui est une
unité du troisième ordre, qui vaut dix fois
plus que la dizaine et cent fois plus que
l'unité simple. En comptant par centaine
comme on a compté par dizaine et par
unité simple, on compose le nombre neuf
cent quatre-vingt-dix-neuf, et si on ajoute à ce nombre une seule unité, on forme

les mille et on compte par mille comme
on a compté par centaines, par dizaines
et par unités simples.

Sans aller plus loin, il est facile de comprendre qu'il suffit de convenir que dix
unités d'un ordre inférieur n'en vaudront
qu'une de l'ordre supérieur, pour arriver,
dans la numération parlée, aux nombres
les plus élevés, sans employer d'autres
noms que ceux primitivement donnés aux
neuf premiers, joints à ceux qu'ont pris
les nouvelles unités qu'on a formées.

Après avoir formé tous les nombres, il
a été nécessaire de les représenter par des
signes ou caractères capables de parler aux
yeux. Comme chaque ordre d'unités en
renferme neuf, neuf caractères, convéna-
blement combinés, ont dû suffire aussi
pour représenter tous les nombres. Ces
caractères, dont on ne connaît pas l'in-
venteur, sont : 1, 2, 3, 4, 5, 6, 7, 8, 9.

C'est par la place que chacun de ces
signes occupe dans un nombre, qu'on reconnaît l'espèce d'unités qu'il représente.
Ainsi, on est convenu que le premier chiffre à droite représenterait les unités simples ; le second, les dizaines ; le troisième,
les centaines, et ainsi de suite. Rien de plus
simple alors que de représenter, par ces
chiffres convenablement combinés, une
collection d'unités déterminées; par exemple, avec 5 unités du quatrième ordre,

7 du troisième, 9 du second, et 2 du premier, vous formerez, sans la plus légère difficulté, le nombre 5792.

Il y a souvent certains ordres d'unités qui ne sont pas représentés par des chiffres significatifs dans les nombres, comme dans le nombre 40, qui se compose de quatre unités du second ordre et qui n'en contient pas du premier. Il faut cependant, de toute nécessité, que le chiffre 4 se trouve au second rang ; alors, on emploie un caractère qui n'a aucune valeur par lui-même; ce signe s'appelle *zéro* ; il est uniquement destiné à tenir la place des chiffres significatifs qui manquent, afin de conserver aux autres leur rang et leur valeur.

Ainsi donc, avec *neuf caractères* pour représenter toutes les unités, une disposition convenable pour reconnaître les différens ordres, et les *zéros*, pour tenir la place des ordres qui peuvent manquer, on peut aisément représenter tous les nombres possibles.

Après avoir formé les nombres et les avoir représentés par certains caractères, il est indispensable de les savoir lire et de les écrire sous la dictée. Supposons à lire le nombre

8 3 2 7 6 4 8 9 0 2.

Il faudra le partager en tranches de trois chiffres, en allant de droite à gauche. La première tranche à droite exprimera des unités, la deuxième des mille, la troisième des millions; la quatrième des billions, ainsi de suite, de sorte qu'il suffira de lire chaque tranche comme si elle était seule, en énonçant l'espèce d'unités qu'elle exprime.

Pour écrire un nombre à la dictée, on doit commencer par les unités de l'ordre le plus élevé, et comme on ne peut énoncer qu'une tranche à la fois, il suffit de savoir écrire un nombre de trois chiffres pour écrire tous les nombres possibles. Mais il faut avoir soin que chaque tranche contienne trois chiffres, et, par conséquent, compléter avec des zéros toutes les tranches dont les trois ordres d'unités ne seraient pas exprimés par des chiffres significatifs. On distingue plusieurs sortes de nombres : l'entier, le fractionnaire, et la fraction.

Le nombre entier est une réunion d'unités entières.

La fraction est une partie ou une réunion de parties d'unité.

Le fractionnaire renferme en même tems des unités et des parties d'unité.

Pour représenter une fraction, il faut toujours deux nombres écrits l'un au-dessous de l'autre, et séparés par un trait horizontal.

Le chiffre inférieur s'appelle dénominateur, et indique en combien de parties l'unité a été divisée; l'autre s'appelle numérateur, et fait connaître combien on a pris de parties.

Si le numérateur est plus petit que le dénominateur, la quantité représentée par la fraction est plus petite que l'unité; voilà la véritable fraction.

Si le numérateur est plus grand que le dénominateur, la quantité représentée est supérieure à l'unité; c'est alors un nombre fractionnaire. Ainsi, $9/7$ et une expression fractionnaire qu'on peut écrire ainsi $1 + 2/7$, en observant que la quantité représentée égale toujours l'unité, quand les deux termes de la fraction sont égaux.

On nomme fractions décimales celles qui ont pour dénominateur l'unité suivie d'autant de zéros qu'on voudra, comme :

$$\frac{9}{10} \qquad \frac{27}{100} \qquad \frac{92}{1000}$$

Ces fractions peuvent prendre la même forme que les nombres entiers, et sont soumises aux mêmes règles du calcul.

Ainsi, soit une quantité formée de 7 unités plus $3/10$. On pourra facilement la ramener à la forme d'un seul nombre entier, en séparant simplement par une virgule la quantité entière de la fraction, et en appliquant les règles de la numération ordinaire, en sorte que le dernier chiffre à gauche de la virgule exprimant des unités simples, le premier à droite de la même virgule, exprime des unités dix fois moindres ou des dixièmes, et ainsi de suite On écrira donc 7, 5 pour représenter les unités entières et cinq dixièmes ; de même, on écrira 7, 54 pour exprimer sept unités, cinq dixièmes et 4 centièmes.

Il y a deux manières de lire une quantité décimale : 1°, on peut lire séparément la quantité entière qui précède la virgule et la quantité fractionnaire qui la suit ; ainsi 7, 5, *sept unités, cinq dixièmes.* 2°, on peut lire la quantité décimale comme un seul nombre entier, en exprimant ensuite l'espèce d'unités représentées par le dernier chiffre. Ainsi 7 , 5 , *soixante-quinze dixièmes.*

Quand il n'y a pas d'unités entières, on les remplace par un *zéro* : 0, 75. Pour écrire sous la forme entière une quantité décimale, il suffit de prendre le numérateur, de compter à la droite autant de chiffres qu'il y a de zéros au dénominateur et de les séparer par une virgule.

$$\frac{75264}{10000} \quad 7,5264.$$

S'il arrivait qu'il n'y eût pas autant de chiffres au numérateur que de zéros au dénominateur, il faudrait compléter le numérateur par des zéros, et toujours maiquer la place des unités entières par un zéro avant la virgule.

$$\frac{243}{10000} \quad 0,0243$$

Il faut observer que, dans un nombre, chaque chiffre a deux valeurs, l'une relative, l'autre absolue. La valeur relative exprime l'ordre des unités et dépend toujours de la place que le chiffre occupe; la valeur absolue n'est que le nombre d'unités que le chiffre représente.

Tout nombre est *abstrait ou concret*; abstrait, quand la nature de l'unité n'est pas désignée, comme quinze, trente; concret, quand elle est désignée, *vingt maisons*.

Nous ne nous occuperons que des opérations qu'il est possible de faire sur les nombres entiers et les fractions décimales, l'usage des fractions ordinaires et des nombres complexes étant sans utilité et même interdit par la loi.

OPÉRATIONS FONDAMENTALES.

Un nombre est une quantité.

Toute quantité est susceptible d'augmentation et de diminution.

Il y a donc deux genres d'opérations possibles; par les unes, on augmente les nombres, par les autres, on les diminue.

Les premières sont l'addition et la multiplication.

Les autres sont la soustraction et la division.

Les deux premières peuvent être considérées comme des opérations de composition, c'est-à-dire, qui servent à réunir plusieurs nombres en un seul, d'après des conditions déterminées ; les deux autres sont des opérations de décomposition, c'est-à-dire, qui servent à décomposer un nombre en plusieurs autres, suivant aussi des conditions déterminées.

La multiplication a donc le même but que l'addition, et la division le même but que la soustraction; ainsi, on peut dire qu'il n'y a en arithmétique que deux opérations fondamentales, et on ne considère la multiplication et la division que comme des modifications de l'addition et de la soustraction, dans le but d'abréger la longueur des calculs.

ADDITION.

L'addition a pour but de réunir plusieurs nombres en un seul; le résultat auquel elle conduit s'appelle *somme*. Cette somme doit contenir autant d'unités que les différents nombres qui ont été ajoutés.

Il ne faut pas oublier qu'il n'est jamais possible d'ajouter ensemble des unités d'espèces différentes, parce qu'on ne saurait quelle dénomination donner aux unités qui représenteraient le total. Ce principe une fois reconnu, il ne sera pas difficile de comprendre que la première précaution à prendre, pour faire l'addition, sera d'écrire les nombres les uns au-dessous des autres, de manière que les unités de chaque ordre se trouvent dans une même colonne verticale. Cela fait, on additionnera les nombres compris dans la première colonne, et si la somme de ces nombres n'excède pas neuf, on écrira cette somme sous la colonne, mais si la somme excède le nombre neuf, ce résultat indiquera qu'il y a dans cette somme des unités de deux ordres différents, et comme chaque unité d'un ordre inférieur vaut dix fois moins que l'unité de l'ordre immédiatement supérieur, il sera tout naturel de poser seulement sous la colonne le chiffre représentant l'ordre des unités que cette colonne contient, et de retenir le chiffre des unités immédiatement supérieures pour l'ajouter aux chiffres renfermés dans la colonne suivante et représentant des unités du même ordre. On suivra cette marche jusqu'à la dernière colonne à gauche, sous laquelle on écrira le nombre trouvé, si ce nombre ne contient qu'un chiffre, tandis qu'on avancera d'un rang vers la gauche, le chiffre qui exprimerait des unités d'un ordre supérieur. La marche que nous traçons indique assez qu'il faut commencer l'addition par les unités du premier ordre, en allant toujours de droite à gauche, puisque la retenue ne peut s'effectuer qu'en passant de l'ordre inférieur à l'ordre supérieur. Exemple :

$$
\begin{array}{r}
2\,643854 \\
307 \\
274600 \\
3432583 \\
6245 \\
\hline
6357589
\end{array}
$$

Problèmes sur l'addition. Un banquier en mourant a laissé aux pauvres une somme de 243,064 francs, aux hôpitaux 27,947, aux écoles primaires 21,004 et aux ouvriers 42,727, ses héritiers ont encore eu 560,798; quelle était la fortune du banquier.

25 ouvriers ont fait, en huit jours, 146 mètres d'ouvrage pour 274 francs; en 18 jours, 564 pour 643; en 24 jours, 904, pour 1374; combien ont-ils travaillé de jours, fait de mètres d'ouvrage et reçu d'argent ?

Un enfant est né en 1838; à quelle époque aura-t-il 36 ans?

Dans la désastreuse campagne de Russie, Napoléon commandait 230,000 Français, soixante-quinze mille Autrichiens, trente mille Prussiens, vingt-cinq mille Bavarois et cinquante mille Italiens; combien avait-il de soldats?

Un homme est entré comme soldat dans un régiment à l'âge de 18 ans; cinq ans

après, il est devenu sergent; fait prison-
nier par les Russes, il n'est rentré en France
qu'après 15 ans de prison. Nommé offi-
cier à cette dernière époque, il a encore
servi pendant 17 ans. A quelle âge a-t-il
pris sa retraite, et quelle est la durée de
ses services ?

Un père en mourant a laissé à son plus
jeune fils une somme de 5,742 francs, le
second a eu 547 de plus que le plus jeune,
et l'aîné 965 de plus que le cadet ; quelle
était la fortune du père?

MULTIPLICATION.

La multiplication consiste à répéter
un nombre donné autant de fois qu'il y
a d'unités dans un autre nombre aussi
donné. Les deux nombres donnés s'ap-
pellent, l'un, celui qu'il faut répéter,
multiplicande, l'autre, celui qui indique
combien le multiplicande doit être répété,
multiplicateur. Le résultat se nomme *produit*, et les deux nombres donnés, *facteurs
du produit*.

La multiplication a une grande ana-
logie avec l'addition. Si on avait à multiplier 6 par 4, on pourrait se contenter
de faire une simple addition; en effet,
le multiplicateur 4 indique que le multiplicande 6 doit être répété 4 fois: aussi,
en écrivant le multiplicande 4 fois ,

sous la forme d'une addition, on aurait

$$\begin{array}{r} 6 \\ 6 \\ 6 \\ 6 \\ \hline 24 \end{array}$$

mais cette marche serait trop longue et il est bien plus simple de l'abréger en faisant usage de la multiplication, surtout quand le multiplicateur contient plusieurs chiffres.

Si chacun des facteurs ne contient qu'un seul chiffre, la multiplication se fait de mémoire ; il suffit, pour cela, de bien apprendre la table de Pythagore.

TABLE DE PYTHAGORE.

1	2	3	4	5	6	7	8	9
2	4	6	8	10	12	14	16	18
3	6	9	12	15	18	21	24	27
4	8	12	16	20	24	28	32	36
5	10	15	20	25	30	35	40	45
6	12	18	24	30	36	42	48	54
7	14	21	28	35	42	49	56	63
8	16	24	32	40	48	56	64	72
9	18	27	36	45	54	63	72	81

Si le multiplicande est formé de plusieurs chiffres, tandis que le multiplicateur n'en renferme qu'un, *il faut* multiplier successivement tous les chiffres du multiplicande par le chiffre du multiplicateur, en faisant la retenue comme pour l'addition. Ex.

Multiplier par 7 le nombre 6,437 :

On pose le multiplicateur sous le multiplicande.

$$
\begin{array}{r}
6\,4\,3\,7 \\
7 \\
\hline
4\,5\,0\,5\,9
\end{array}
$$

et l'on dit : Sept fois sept font quarante-neuf, c'est-à-dire, neuf unités simples et quatre dizaines; je pose les neuf unités simples et je retiens quatre dizaines : trois fois 7 font vingt-un, c'est-à-dire une dizaine et deux centaines ; je pose cette dizaine après l'avoir ajoutée aux 4 retenues, et je retiens les deux centaines, et ainsi de suite. J'obtiens pour résultat 45059.

Si le multiplicande et le multiplicateur sont l'un et l'autre composés de plusieurs chiffres, il faut multiplier successivement le multiplicande par chacun des chiffres du multiplicateur, ayant soin de placer chaque produit partiel sous les unités de même ordre que le chiffre correspondant du multiplicateur, et faire la somme de tous les produits partiels.

On appelle produit partiel le résultat ob-

tenu par la multiplication de tout le multiplicande par un des chiffres du multiplicateur.

Le produit total est la somme de tous
les produits partiels.

En observant de poser chaque produit
partiel sous les unités du même ordre que
le chiffre correspondant du multiplicateur,
on ne peut éprouver aucune difficulté,
quand il se trouve des zéros entre les chiffres significatifs du multiplicateur; ainsi,
si l'on avait à multiplier le nombre 5637
par 2403,

$$
\begin{array}{r}
5\ 6\ 3\ 7 \\
2\ 4\ 0\ 3 \\
\hline
1\ 6\ 9\ 1\ 1 \\
2\ 2\ 5\ 4\ 8\ 0 \\
1\ 1\ 2\ 7\ 4 \\
\hline
1\ 3\ 5\ 4\ 5\ 7\ 1\ 1
\end{array}
$$

il faut avoir soin de poser le premier chiffre
du second produit partiel 8 sous le chiffre
4 du multiplicateur, par lequel on opère,
sans faire attention au zéro qui se trouve
entre le chiffre 4 et les chiffres du même
multiplicateur, pour tenir la place des dizaines qui manquent.

On a quelquefois un nombre à multiplier par 10, 100, 1000, etc.; dans ce cas,
il suffit d'écrire à la droite du nombre à
multiplier, un, deux, trois ou un plus grand

nombre de zéros. En effet, multiplier un nombre par dix, par cent, par mille, etc., c'est rendre ce nombre dix, cent, mille fois plus grand. Or, quand on a ajouté un zéro à la droite d'un nombre, tous les chiffres occupent un rang immédiatement supérieur à celui qu'ils occupaient avant cette addition, et par conséquent, expriment des unités dix fois plus grandes.

Problèmes. Un ouvrier a fait 2743 mètres d'ouvrage à 27 francs le mètre ; quelle somme doit-il recevoir ?

Un père en mourant a donné à son fils cadet une somme de 7942 francs, et à son fils aîné une somme quatre fois plus grande, le reste de sa fortune égalait six fois ces deux sommes, et il l'a donné aux pauvres ; combien a eu le fils aîné, quelle était la fortune du père, et quelle somme les pauvres ont-ils reçue ?

On a vendu 248 mètres de drap bleu à 23 fr. le mètre, 546 mètres de drap gris à 19 fr. le mètre, et 147 mètres de drap noir à 34 fr. le mètre ; combien doit-on pour chaque espèce de drap, et quelle est la somme nécessaire pour payer le tout ?

Un homme dépense 65 fr. par mois pour sa table, 20 fr. pour son logement, 36 fr. pour ses vêtemens et 4 fr. pour son blanchissage ; il consacre deux fr. par semaine à ses menus-plaisirs; combien dépense-t-il pendant toute l'année?

Une roue de moulin fait 7 tours par seconde; combien en fait-elle en 2 jours 4 heures 5 minutes?

Un laboureur rentre 250 gerbes sur sa voiture; il faut qu'il en rentre 18 voitures; combien enlèvera-t-il de gerbes?

Une main de papier contient 25 feuilles et chaque feuille donne 4 pages; il faut 20 mains pour une rame; combien y a-t-il de pages dans une rame?

SOUSTRACTION.

La soustraction a pour but de trouver la différence qui existe entre deux nombres donnés. C'est une opération de décomposition, puisque, pour la faire, il suffit de décomposer ou de diviser un nombre donné en deux parties, dont l'une est un nombre aussi donné et l'autre une quantité à trouver, cette quantité est l'excès du premier des deux nombres donnés sur le second. Ainsi, soustraire 8 de 12, c'est décomposer 12 en deux parties, dont l'une est 8 et dont l'autre, qui est à trouver, soit 4; 4 est l'excès de 12 sur 8.

De même qu'on ne peut ajouter ensemble des quantités de nature différente, de même on ne peut soustraire d'un nombre un autre nombre qui ne représenterait pas des unités de même espèce. Ainsi, pour faire la soustraction, il suffit de chercher la différence entre les unités du même ordre. Pour arriver à ce résultat, on place le plus petit nombre sous le plus grand, de manière que les unités de même ordre se correspondent dans une même colonne verticale, et on cherche séparément la différence qui existe entre les chiffres exprimant les mêmes unités.

Voilà la marche qu'il faut suivre toutes les fois que le chiffre supérieur est plus grand que l'inférieur qui lui correspond ; s'il était plus petit, il faudrait prendre les précautions que nous indiquons plus bas.

PREMIER CAS.

```
De. . . . . 7 9 4 5 7
soustraire  5 6 3 1 5
           ----------
            2 3 1 4 2
```

DEUXIÈME CAS.

```
De. . . . . 9 6 4 3 0 0 0 3 4 7
soustraire  4 9 0 7 8 4 3 7 6 4
           --------------------
            4 7 3 5 1 5 6 5 8 3
```

Avant de donner la marche à suivre dans ce deuxième cas, il faut d'abord admettre que *la différence entre deux quantités ne change pas quand on ajoute à chacune d'elles la même quantité*. Ainsi, la différence entre 15 et 12 est 3 ; elle sera encore 3, si, à chacun des nombres 12 et 15, vous ajoutez la même quantité, 4, par exemple. Ceci est un *axiôme*, c'est-à-dire, une vérité évidente par elle-même et que personne ne peut méconnaître.

Soit donc le nombre 490784364 à soustraire du nombre 964300347 ; on dira : De 7 unités ôtez 4 unités, il restera 3 unités; de 4 dizaines ôtez 6 dizaines, cela ne se peut; alors, vous augmentez le chiffre supérieur 4 d'une centaine, qui vaut 10 dizaines, et vous dites de 14 dizaines ôtez 6 dizaines, il reste 8 dizaines. Comme vous avez augmenté le nombre supérieur d'une centaine, il faut aussi faire la même augmentation pour le nombre inférieur, afin de maintenir l'égalité de la différence. Vous dites donc de 3 centaines ôtez 8 centaines, cela n'est pas possible, et vous augmentez le chiffre 3 d'un mille, qui vaut 10 centaines ; de 13 centaines ôtez 8 centaines, il reste 5 centaines. Mais vous avez augmenté d'un mille le nombre supérieur; il faut faire la même chose pour le nombre inférieur, et vous dites de zéro de mille ôtez 4 mille, cela n'est pas possible; alors, à la place du zéro, vous mettez une dizaine de mille, qui vaut 10 mille, et vous dites : De 10 mille ôtez 4 mille, il reste 6 mille. Mais vous avez encore augmenté le nombre supérieur d'une dizaine de mille, et il faut agir de même pour le nombre inférieur ; ainsi, vous direz de zéro de dizaine de mille ôtez 5 dizaines de mille, cela ne se peut ; je mets à la place du zéro une centaine de mille, qui vaut 10 dizaines de mille, et je dis : De 10 dizaines de mille ôtez 5 dizaines de mille, il reste 5 dizaines de mille, et ainsi de suite.

Vous trouverez pour résultat 4735156583, différence des deux nombres donnés.

Cette méthode est plus rationelle que celle des emprunts, qu'il est cependant bon de connaître et qui est exposée ci-dessous.

Soit le nombre 960000473, duquel on propose de soustraire le nombre 7648957 67.

$$9\ 6\ 0\ 0\ 0\ 0\ 4\ 7\ 3$$
$$7\ 6\ 4\ 8\ 9\ 5\ 7\ 6\ 7$$
$$\overline{1\ 9\ 5\ 1\ 0\ 4\ 7\ 0\ 6}$$

Dites : De trois unités ôtez sept unités, cela n'est pas possible ; j'emprunte au chiffre 7, qui représente les dizaines, une unité de son ordre, qui vaut dix unités simples : ces dix unités, jointes aux trois autres, donnent un total de treize unités. De ces treize unités retranchez-en 7, il en restera six. De six dizaines ôtez six dizaines, il ne restera rien et je pose zéro. De quatre centaines ôtez sept centaines, cela ne se peut, j'emprunte au premier chiffre significatif suivant une unité de son ordre, c'est-à-dire une dizaine de million, puisque ce chiffre représente les dizaines de millions. Mais, pour continuer l'opération, je n'ai pas besoin d'une dizaine de million; cette dizaine de million vaut dix millions, et j'en laisse neuf sur le zéro, qui représente les millions. Le million, qui me reste, vaut dix centaines de mille; j'en laisse 9 sur le zéro qui représente les centaines de mille, et j'en retiens une qui vaut dix dizaines de mille, dont je laisse neuf sur le zéro qui tient la place des dizaines de mille. La dizaine de mille qui me reste, vaut dix mille, j'en laisse encore neuf sur le zéro qui représente les mille, et il me reste un mille qui vaut dix centaines. Ces dix centaines, ajoutées aux 4 centaines du nombre supérieur, valent 14 centaines, desquelles je retranche 7 centaines, et il m'en reste sept. Les quatre zéros qui suivent les centaines dans le nombre supérieur et qui représentent successivement les mille, les dizaines de mille, les centaines de mille et les millions qui manquent, se trouvent convertis en 9 et je continue ma soustraction sans aucune difficulté.

Problèmes sur la soustraction. On a emprunté une somme de 73560 francs, sur laquelle on a déjà rendu 16946; combien doit-on encore ?

Un père a laissé à son fils aîné une somme de 28964 fr. à condition qu'il donnerait 3952 à son frère et 674 aux pauvres ; combien lui restera-t-il ?

Un riche banquier a laissé 3000000 par testament ; il a donné 235000 aux pauvres et 350000 aux hôpitaux de son département ; on demande combien il restera à ses héritiers ?

Un négociant, après avoir mis dans son commerce un fonds de 385,640 francs s'est retiré avec 982464 ; on demande combien il a gagné ?

Un ouvrier s'était chargé de creuser un fossé de la longueur de 27347 mètres, il en a cédé 13427 mètres ; combien lui en est-il resté à faire ?

DIVISION.

Diviser un nombre par un autre, c'est chercher un troisième nombre tel qu'en multipliant le second par ce nombre, on retrouve le premier. Ainsi, diviser 36 par 12, c'est chercher un nombre tel qu'en prenant 12 autant de fois qu'il y aura d'unités dans ce nombre, on reproduise 36.

Le nombre à diviser se nomme *dividende*; celui par lequel on divise se nomme *diviseur*, et le nombre cherché se nomme *quotient*.

La division est, comme la soustraction, une opération de décomposition ; ainsi, quand on divise 36 par 12, puisque le diviseur 12, multiplié par le quotient qui est 3, doit reproduire 36, on peut considérer le dividende 36 comme le produit du diviseur par le quotient. La question consiste donc à décomposer ce produit 36 en deux facteurs, le premier de ces facteurs étant 12.

Nous avons vu qu'on pouvait ramener la multiplication à l'addition, de même on peut ramener la division à la soustraction. Ainsi, au lieu de diviser 36 par 12, si on retranche 12 de 36 autant de fois qu'il y est contenu, on arriverait au même résultat à l'aide de la soustraction répétée : alors le nombre des soustractions indique le véritable quotient.

Mais la pratique trouve beaucoup trop longue cette manière d'opérer, surtout si le dividende était très-grand et le diviseur très-faible; alors on a inventé la division dans le seul but d'abréger l'opération.

Quand le quotient ne doit avoir qu'un seul chiffre, il suffit de savoir la table de Pythagore pour le trouver à l'aide de la mémoire; mais si ce quotient doit renfermer plusieurs chiffres, il faut suivre alors une marche particulière qui va être indiquée :

Il y a deux cas.

Premièrement, quand le diviseur n'a qu'un seul chiffre,

soit 27,647 à diviser par 6,

On écrit le diviseur à la droite du dividende, et le quotient sous le diviseur;

$$27{,}747 \;\big|\; 6$$

On sépare à la gauche du dividende autant de chiffres qu'il en faut pour contenir le diviseur. Ainsi, on sépare, dans le nombre proposé, 27 mille; et c'est alors comme si l'on n'avait à diviser que 27 par 6. On dira : En 27 combien de fois 6 ? 4 fois, et 4 sera le premier chiffre du quotient; cela fait, on multipliera le diviseur 6 par 4, et on écrira le produit sous la partie du dividende qui a été séparée avant de commencer l'opération; on soustraira ce produit de cette partie du dividende, et, à la suite de la différence, on abaissera le chiffre suivant du dividende, et l'on aura ainsi un nouveau dividende partiel, à l'aide duquel on trouvera le second chiffre du quotient; et, opérant comme précédemment, on continuera ainsi jusqu'à ce qu'on ait successivement abaissé tous les chiffres du dividende et complété le quotient; si le dernier dividende partiel contient exactement le diviseur un certain nombre de fois, il n'y aura pas de reste : dans le cas contraire, le reste étant inférieur au diviseur, on ne pourra plus continuer la division par les moyens ordinaires, et l'on recourra aux quotients

décimaux, dont nous parlerons plus bas.
Voici l'opération :

$$
\begin{array}{r|l}
2\,7\,7\,4\,7 & 6 \\
2\,4 & \overline{4\,6\,2\,4} \\
\hline
3\,7 & \\
3\,6 & \\
\hline
1\,4 & \\
1\,2 & \\
\hline
2\,7 & \\
2\,4 & \\
\hline
3 &
\end{array}
$$

Le quotient sera 4624 et le reste 3.

Il ne faut pas perdre de vue que le dividende est un produit dont le diviseur et le
quotient sont *les facteurs*. Il est donc nécessaire de se rappeler comment un produit se compose avec ses facteurs. Puisque
le produit se forme en répétant chacune
des unités du multiplicande autant de fois
qu'il y a d'unités dans le multiplicateur, il
est clair que si le multiplicande est 6543,
par exemple, et le multiplicateur 5, le produit se composera de cinq fois les milles,
cinq fois les centaines, cinq fois les dizaines,
et cinq fois les unités simples du multiplicande. Dans ce cas, le produit sera 32715.
Réciproquement, ce produit étant connu

et l'un de ses facteurs 5, on retrouvera le second facteur, ou le quotient, en décomposant le produit total en ses différents produits partiels et en prenant la cinquième partie de chacun d'eux.

Second cas.

Quand le diviseur contient plusieurs chiffres :

Il faut, avant tout, connaître quel sera le nombre des chiffres du quotient. Pour y parvenir, on sépare à la gauche du dividende autant de chiffres qu'il en faut pour contenir le diviseur; l'ordre du dernier chiffre séparé exprimera l'ordre du premier chiffre du quotient, et on connaîtra, par suite, le nombre des chiffres qu'il doit contenir.

$$
\begin{array}{r|l}
2\,4\,5\,6\,5\,9 & 4\,6\,2 \\
\hline
2\,5\,1\,0 & 5\,2\,7 \\
\end{array}
$$

1ᵉʳ reste,	1 2 6 5
	9 2 4
2ᵉ reste,	3 4 1 9
	3 2 5 4
3ᵉ reste,	1 8 5

Pour faire cette division, on séparera 4 chiffres à la gauche du dividende; le dernier chiff e séparé exprimant des centaines, les unités les plus élevées du quotient seront des centaines, et le quotient contiendra trois chiffres.

On déterminera successivement chacun de ces chiffres, en commençant par l'ordre le plus élevé. Comme cet ordre est celui des centaines, on cherchera le nombre qui, multiplié par 462 reproduira les centaines du dividende, c'est-à-dire le nombre 2436. On dira donc : En 2436 combien de fois 462 ? ou, pour trouver plus facilement le chiffre, en 24 combien de fois 4 ? en retranchant à droite le même nombre de chiffres au dividende et au diviseur. En général, le chiffre ainsi déterminé sera trop fort, jamais trop faible. Ici, on trouve 6 ; mais il faut prendre 5, multiplier ensuite le diviseur par ce nombre, et soustraire le produit du dividende. La différence ajoutée à la dernière partie du dividende, représentera le produit du diviseur par les deux chiffres du quotient, qui ne sont pas encore trouvés.

On passera au chiffre du quotient, qui doit représenter les dizaines. Pour le trouver, on dira, après avoir abaissé le chiffre des dizaines à la suite du premier reste : en 1265 combien de fois 462 ? On trouvera 2 pour le chiffre des dizaines du quotient. Multipliant le diviseur par ce chiffre, et soustrayant le produit du dividende, on aura un second reste 349, qui représentera le produit du diviseur par le chiffre des unités du quotient. On trouvera ce chiffre des unités en disant, après avoir abaissé le chiffre des unités du dividende à la suite du deuxième reste : en 3419, combien de fois 462 ? 7 fois, et on trouvera, pour dernier reste, 185. Ce reste, étant inférieur au diviseur, la division n'est plus possible par les voies ordinaires.

Le quotient est donc 527, et ce quotient est tel qu'en prenant le diviseur 462, 527 fois, on retrouvera le dividende 243,659. En effet, en prenant successivement le diviseur 500 fois, 20 fois et 7 fois, et en retranchant chaque produit partiel du divivende, on retrouve pour reste 185.

Chaque reste après lequel on abaisse le chiffre suivant du dividende, afin d'avoir successivement tous les chiffres du quotient, s'appelle dividende partiel.

On voit, en procédant ainsi, que la division de deux nombres de plusieurs chiffres est ramenée à autant de divisions partielles qu'il y a de chiffres au quotient, et que chaque division partielle peut s'effectuer d'autant plus facilement que le quotient correspondant n'a jamais qu'un seul chiffre.

Quand on est suffisamment familiarisé avec le calcul, on peut abréger la division en faisant tout à la fois la multiplication et la soustraction, à chaque nouveau chiffre du quotient.

Quand un dividende partiel ne contient

pas le diviseur, il faut en conclure qu'il ne peut y avoir d'unités de l'ordre correspondant au quotient. Alors on écrira un zéro au quotient à la place de ces unités qui manquent, et ce zéro conservera aux chiffres qui précèdent et qui suivent l'ordre qui leur convient. Cela fait, on abaissera encore un chiffre suivant du dividende total, et on pourra continuer l'opération en suivant la marche ordinaire.

Quand la division est bien faite, on ne doit jamais pouvoir, dans le cours de l'opération, mettre plus de 9 au quotient. En effet si, par exemple, on pouvait mettre 12, ce serait supposer que le chiffre qui précède ce nombre au quotient est trop faible d'une unité. En effet, 12 unités d'un ordre quelconque peuvent se décomposer en deux unités du même ordre et une unité qu'on peut reporter à l'ordre immédiatement supérieur. *Pour que le chiffre qu'on écrit au quotient soit toujours exact, il faut que le reste correspondant soit moindre que le diviseur.*

Problèmes sur la division. On veut partager une somme de 2453 francs entre 7 personnes ; combien chacune aura-t-elle ?

16 ouvriers doivent se partager 2654 mètres d'ouvrage ; quelle sera la part de chacun ?

On a à faire 600 mètres d'ouvrage, et l'on ne peut en faire que sept mètres par jour ;

combien de jours faudra-t-il pour faire le tout ?

On exige qu'un voyageur fasse 135 lieues dans 18 jours; combien devra-t-il faire de lieues par jour ?

Il est reconnu que la lumière nous arrive du soleil en 8 minutes 13 secondes, après avoir parcouru un espace de 34600000 lieues; quel espace la lumière parcourt-elle par seconde ?

Un riche marchand partage sa fortune, en mourant, entre les pauvres et les ouvriers de sa ville natale; il laisse en tout 527000 fr. Les pauvres, au nombre de 134, doivent avoir la moitié de cet somme, tandis que l'autre moitié appartiendra aux ouvriers, au nombre de 267 ; combien reviendra-t-il à chaque pauvre et à chaque ouvrier ?

PREUVES.

DES OPÉRATIONS FONDAMENTALES DE L'ARITHMÉTIQUE.

La preuve est une seconde opération faite dans le but de vérifier l'exactitude de la première.

La preuve de l'addition se fait en recommençant l'opération par la gauche, en ajoutant d'abord les unités de l'ordre le plus élevé. On retranche le résultat trouvé dans chaque colonne de la somme trouvée la première fois, et si, à la dernière colonne à droite, on trouve zéro pour reste, on doit en conclure que l'opération qu'on veut vérifier est exacte.

Il est encore plus simple de faire la preuve de l'addition en recommençant l'opération par la partie supérieure des colonnes. On doit alors trouver le même résultat.

Pour faire la preuve de la multiplication, on divise le produit total par l'un de ses facteurs et l'on doit retrouver l'autre facteur au quotient, si l'opération a été bien faite.

Un moyen plus simple consiste à recommencer l'opération en mettant le multiplicateur à la place du multiplicande, et réciproquement, ne perdant pas de vue ce principe, qu'il faut regarder comme évident : *Le produit de deux nombres ne change pas quand on intervertit l'ordre des facteurs.*

La preuve de la soustraction se fait par l'addition, et bien simplement : on ajoute le reste au plus petit des deux nombres donnés, et l'on doit retrouver le plus grand; car, par cette addition, on donne précisément au plus petit tout ce qui lui manque pour égaler le plus grand.

Pour la preuve de la division, il faut multiplier le diviseur par le quotient, ajouter le reste de la division au produit total, si

toutefois il y a un reste, et l'on reproduit
le dividende.

Les moyens de preuves que nous venons
d'indiquer, ne sont que les conséquences
des définitions que nous avons données des
opérations fondamentales du calcul.

***

QUESTIONNAIRE DE LA Iᵉ PARTIE.

Qu'est-ce que l'arithmétique ?

Qu'est-ce qu'un nombre ?

Qu'est-ce que l'unité ?

Qu'appelle-t-on grandeur ou quantité ?

Qu'est-ce que mesurer une quantité ?

Qu'est-ce que la numération ?

Combien distingue-t-on de sortes de numération ?

En quoi consiste la numération parlée ?

En quoi consiste la numération écrite ?

Pourquoi notre système de numération est-il
appelé décimal ?

Comment forme-t-on les nombres ?

Comment énonce-t-on les nombres ?

Comment écrit-t-on les nombres ?

Qu'est-ce qu'un nombre entier ?

Qu'est-ce qu'une fraction ?

Qu'est-ce qu'un nombre fractionnaire ?

Comment écrit-t-on les fractions ?

Comment écrit-t-on les nombres fractionnaires?

Qu'appelle-t-on numérateur d'une fraction ?

Qu'appelle-t-on dénominateur ?

De combien de manières peut-on lire une quantité décimale ?

Combien un nombre a-t-il de sortes de valeur?

Qu'appelle-t-on valeur relative ?

Qu'appelle-t-on valeur absolue?

Qu'est-ce que le nombre concret?

Qu'est-ce que le nombre abstrait?

Combien y a-t-il de genres d'opérations possibles en arithmétique?

Qu'appelle-t-on opérations de composition?

Qu'elles sont les opérations de composition?

Qu'appelle-t-on opérations de décomposition?

Qu'elles sont les opérations de décomposition?

Qu'est-ce que l'addition?

Qu'appelle-t-on somme?

Comment se fait l'addition?

Qu'est-ce que la multiplication?

Qu'appelle-t-on multiplicande?

Qu'appelle-t-on multiplicateur?

Qu'appelle-t-on produit partiel?

Combien y a-t-il de produits partiels dans une multiplication?

Qu'appelle-t-on produit total?

Comment se fait la multiplication d'un nombre composé de plusieurs chiffres, par un nombre qui n'a qu'un seul chiffre?

Comment se fait la multiplication d'un nombre composé de plusieurs chiffres, par un nombre qui en renferme aussi plusieurs?

Comment multiplie-t-on un nombre par 10, 100, 1000?

Qu'est-ce que la soustraction?

Qu'appelle-t-on différence?

Qu'est-ce que la division?

Qu'appelle-t-on dividende?

Qu'appelle-t-on diviseur?

Qu'appelle-t-on quotient?

Qu'est-ce qu'un dividende partiel?

Comment se fait la division d'un nombre composé de plusieurs chiffres, par un nombre qui n'en a qu'un seul?

Comment se fait la division, quand le dividende et le diviseur ont tous deux plusieurs chiffres ?

Qu'appelle-t-on preuve ?

Comment se fait la preuve de l'addition ?

Comment se fait la preuve de la multiplication?

Comment se fait la preuve de la soustraction?

Comment se fait la preuve de la division?

FIN DE LA PREMIÈRE PARTIE.

DEUXIÈME PARTIE.

FRACTIONS DÉCIMALES.

Nous avons défini les fractions ordinaires *une ou plusieurs parties de l'unité.*

Si vous divisez un tout quelconque en plusieurs parties, et que vous sépariez des autres une ou plusieurs de ces parties, vous avez une fraction. Ainsi, si vous divisez une pomme en six parties, et que vous preniez seulement deux de ces parties, vous n'aurez pris que deux sixièmes de la pomme, il en restera quatre sixièmes. Ces deux quantités, *deux sixièmes, quatre sixièmes,* sont des fractions.

Le nombre qui indique en combien de parties le *tout* a été partagé se nomme *dénominateur,* et celui qui fait connaître combien on a pris de parties s'appelle numérateur.

Si le numérateur égale le dénominateur on a pris toutes les parties dans lesquelles l'unité a été partagée, on a donc pris l'unité entière. Ex. 4 ou 1 unité.

$$\frac{}{4}$$

Si le numérateur est plus grand que le dénominateur, cela indique que plusieurs unités ont été partagées et que l'on a pris plus de parties qu'il n'en fallait pour recomposer l'une d'elles; alors la fraction est plus grande que l'unité, c'est un nombre fractionnaire $^9/_4$ ou 2 et $^1/_4$. .

Si enfin le numérateur est plus petit que le dénominateur, on voit par là qu'on n'a pas pris toutes les parties dans lesquelles l'unité a été décomposée et que, par conséquent, la fraction n'égale pas l'unité. Ex. $^3/_5$.

On doit donc considérer les fractions comme des quantités dont l'espèce est toujours désignée par le dénominateur; ce qui oblige à la réduction des fractions au même dénominateur, toutes les fois qu'on veut les soumettre aux opérations de composition et de décomposition comme les nombres entiers, puisqu'on ne peut jamais opérer que sur des quantités de même espèce.

Toute fraction ordinaire peut, ainsi que nous le démontrerons plus tard, être ramenée à une fraction décimale.

Dans notre nouveau système de numération, on ne fait plus usage de ces fractions ordinaires; il est donc peu important de s'arrêter sur cette théorie; il suffit de donner la définition de ces fractions, de faire connaître la différence des termes qui les expriment, et d'indiquer qu'elles peuvent être soumises aux mêmes opérations que les nombres entiers.

On appelle *fractions décimales* celles qui ont pour dénominateur l'unité suivie d'un ou de plusieurs zéros, comme $\dfrac{6}{10}, \dfrac{24}{100}, \dfrac{342}{1000}.$

Nous avons déjà parlé de la manière d'écrire les fractions décimales, pour leur donner à peu près la forme des nombres entiers. Cette méthode est fondée sur cette convention, qu'un chiffre acquiert des valeurs de dix en dix fois plus grandes, à mesure qu'il avance de droite à gauche, d'un rang, de deux rangs, etc. Ainsi les chiffres, dans les fractions décimales, suivent, comme les nombres entiers, la progression décuple, et on se trouve ainsi dispensé d'écrire les dénominateurs de ces fractions. Par exemple, soit le nombre 623; supposons que si on écrit le chiffre 9 à la droite du chiffre 3, ce chiffre, au lieu de représenter des unités, ainsi que cela aurait lieu, si 6239 était un nombre entier, représente des quantités dix fois plus petites que l'unité, et pour éviter toute équivoque, séparons ce chiffre des trois premiers par une virgule, nous aurons une véritable fraction décimale, qui sera 623,9. On pourrait écrire $623 + {}^9/_{10}$; mais le signe plus et le dénominateur 10 sont inutiles au moyen de la convention qu'on a faite, et il suffit de savoir que le chiffre placé au premier rang, à droite de la virgule, exprime des dixièmes d'unités.

En suivant, après cette convention, la progression décuple, le chiffre placé au second rang ne vaudra que des centièmes, celui placé au troisième rang ne vaudra que des millièmes, ainsi de suite, en remplaçant par des zéros les chiffres significatifs qui pourraient manquer, comme si on écrivait un nombre entier.

Ainsi le nombre 24, 6904, devra être lu *24 unités, six mille neuf cent quatre dix millièmes.*

Le tableau suivant représente les relations qui existent entre les différentes parties de la fraction décimale 648945652, 237894527.

Avant la virgule.	*Après la virgule.*
6 Centaines de millions.	2 Deux dixièmes.
4 Dizaines de millions.	3 Centièmes.
8 Millions.	7 Millièmes.
9 Centaines de mille.	8 Dixmillièmes.
4 Dizaines de mille.	9 Centmillièmes.
3 Mille.	4 Millionièmes.
6 Centaines.	5 Dixmillionièmes.
5 Dizaines.	2 Centmillionièmes.
2 Unités.	7 Billionièmes.

Cela posé, il n'est pas difficile de reconnaître que le simple déplacement de la virgule dans une quantité décimale en altère la valeur. En effet, si vous reculez la virgule d'une place vers la gauche, vous divisez le nombre décimal par 10, puisque chacun des chiffres qui se trouvaient avant la virgule, avant le déplacement, n'exprime plus que des unités dix fois plus petites. Si, au contraire, vous avancez la virgule d'une place vers la droite, vous multipliez le nombre par dix, parce que tous les chiffres qui se trouvent à la droite de la virgule, après le déplacement, expriment des unités dix fois plus fortes qu'avant.

On doit donc admettre : 1. que pour rendre une quantité décimale 10, 100, 1000, etc., fois plus grande, il suffit d'avancer la virgule d'un, de deux, de trois ou de quatre rangs vers la droite : 2. que, pour rendre la même fraction décimale 10, 100, 1000, etc., plus petite, il suffit de reculer la même virgule d'un rang, de deux, de trois ou de quatre vers la gauche.

Ainsi, la quantité décimale 2456, 7895 sera rendu mille fois plus grande, si l'on écrit 2456 789,5; et deviendra mille fois plus petite, au contraire, si l'on écrit 2, 4567 895.

Si on voulait rendre 100 fois plus grand le nombre décimal 2, 9, on écrirait à droite du chiffre 9 un zéro pour qu'il fût possible d'avancer la virgule de deux rangs, et on écrirait 290; s'il fallait, au

— 44 —

contraire, rendre le même nombre cent fois plus petit, on ferait précéder ce nombre de deux zéros, et on aurait o, 029.

ADDITION.

DES QUANTITÉS DÉCIMALES.

Si les quantités à additionner renferment le même nombre de décimales, on doit suivre entièrement la marche indiquée pour l'addition des nombres entiers, sans faire attention à la virgule, qu'on a soin seulement de rétablir dans la somme de manière que cette somme contienne autant de décimales que chacun des nombres proposés. Ex.

$$
\begin{array}{r}
24,6543 \\
2745,7204 \\
547263,0027 \\
7941274,2478 \\
\hline
8491307,6252
\end{array}
$$

S'il y a plus de décimales dans quelques quantités que dans d'autres, il faut les compléter par des zéros dans celles qui en ont le moins, et procéder comme ci-dessus.

MULTIPLICATION.

Si le multiplicande est un nombre entier, et le multiplicateur un nombre décimal, il faut opérer sans faire attention à la virgule du multiplicateur, et replacer cette virgule au produit, afin de séparer, à la droite de ce produit, autant de chiffres qu'il y en avait à la droite de la virgule dans le multiplicateur.

Soit le nombre entier 2543 à multiplier par le nombre décimal 2, 75 :

$$
\begin{array}{r}
2\,5\,4\,3 \\
2\,7\,5 \\
\hline
1\,2\,7\,1\,5 \\
1\,7\,8\,0\,1 \\
5\,0\,8\,6 \\
\hline
6\,9\,9\,3\,2\,5
\end{array}
$$

En opérant sans faire attention à la virgule du multiplicateur, vous avez multiplié par un nombre 100 fois trop grand, puisqu'il suffit d'avancer la virgule de deux rangs vers la droite pour multiplier par cent un nombre décimal ; le produit obtenu est donc lui-même cent fois trop grand ; *car, quand on multiplie un des facteurs d'un produit par un nombre, le produit se trouve lui-même multiplié par le même nombre.* Il faut donc, pour ramener le produit trouvé à sa juste valeur, le rendre cent fois plus petit, ce qui se fait en séparant sur sa droite autant de chiffres qu'il y en avait après la virgule dans le multiplicateur. Alors on aura pour produit 69,9325, quantité cent fois plus petite que 6993a5.

S'il faut multiplier deux quantités décimales l'une par l'autre, il suffit d'opérer comme si l'on avait des nombres entiers, et de replacer la virgule au produit de manière à séparer à droite autant de chiffres décimaux qu'il y en a dans les deux facteurs.

Cette marche est fondée sur le principe précédemment cité. On ne doit pas perdre de vue que les deux facteurs d'un produit peuvent prendre la place l'un de l'autre, sans rien changer à la valeur de ce produit. Or, s'il y a trois chiffres décimaux au multiplicande et deux au multiplicateur, il est clair que le véritable produit aura été rendu successivement mille fois et cent fois, c'est-à-dire cent mille fois trop grand, en négligeant la virgule dans l'un et l'autre facteur, et qu'il faut, pour le ramener à sa juste valeur, séparer cinq chiffres sur sa droite, ce qui revient à le diviser par 100,000.

Soit les nombres décimaux 5742,34 et 37,643 à multiplier l'un par l'autre :

$$
\begin{array}{r}
5\,7\,4\,2\,3\,4 \\
3\,7\,6\,4\,3 \\
\hline
1\,7\,2\,2\,7\,0\,2 \\
2\,2\,9\,6\,9\,3\,6 \\
3\,4\,4\,5\,4\,0\,4 \\
4\,0\,1\,9\,6\,3\,8 \\
1\,7\,2\,2\,7\,0\,2 \\
\hline
\end{array}
$$

Produit 21615890462

Ce produit étant cent mille fois trop grand, il suffit de séparer cinq chiffres sur sa droite pour lui rendre sa véritable valeur, et d'écrire

216158,90462.

PROBLÈMES

SUR L'ADDITION ET LA MULTIPLICATION DES QUANTITÉS DÉCIMALES.

On a acheté 2545 ares 65 centiares de forêt pour la somme de 45645^f, 75^c; 52628 ares 9 déciares pour 234235^f, 25^c et 648 ares 47 centiares pour 7234^f, 85^c; combien a-t-on acheté d'ares et quelle somme a-t-on donnée ?

On a acheté 245 kil. de marchandise à raison de 7^f, 25^c le kilogramme ; quelle somme doit on donner ?

Un ouvrier doit faire 2555, 627 mètres d'ouvrage à raison de 23^f, 45 c^e le mètre ; quelle somme devra-t-il recevoir ?

Un père laisse à son second fils une somme de 20,745^f, et 7 fois plus à l'aîné ; combien ce dernier aura-t-il ?

SOUSTRACTION.

Quand les deux quantités ont le même nombre de chiffres décimaux, il faut opérer sans faire attention à la virgule, et comme si on avait des nombres entiers.

Soit le nombre 245643,275
à soustraire du nombre 357257,745.

$$
\begin{array}{r}
3\,5\,7\,2\,5\,7\,7\,4\,5 \\
2\,4\,5\,6\,4\,3\,2\,7\,5 \\
\hline
1\,1\,1\,6\,1\,4\,4\,7\,2
\end{array}
$$

La différence serait 111614472 si les nombres étaient entiers; mais comme chacun d'eux renferme trois chiffres décimaux, il faut en séparer autant sur la droite de la différence, et on a 111614,472.

Si les nombres qu'on veut soustraire l'un de l'autre n'ont pas le même nombre de chiffres décimaux, on ajoutera des zéros à celui qui en a le moins, afin qu'il en ait autant que celui qui en a le plus.

Soit le nombre 574,07 à soustraire du nombre 2743,57432 :

$$
\begin{array}{r}
2\,7\,4\,3,5\,7\,4\,3\,2 \\
5\,7\,4,0\,7\,0\,0\,0 \\
\hline
2\,1\,6\,9,5\,0\,4\,3\,2
\end{array}
$$

DIVISION.

Posons d'abord deux principes sans lesquels il serait fort difficile de bien comprendre la division des quantités décimales :

1° *Dans toute division, le dividende représente le produit du diviseur par le quotient;*

2° *Dans toute multiplication, si les facteurs*

contiennent des chiffres décimaux, il y en aura précisément autant au produit que dans les deux facteurs.

Soit d'abord à diviser un nombre décimal par un nombre entier, par exemple : 2547,643 par 854.

En opérant comme si les nombres étaient entiers, nous obtiendrons du quotient 2983.

Mais ce quotient, multiplié par le diviseur 854, doit reproduire le dividende 2547,643, qui contient trois chiffres décimaux. Comme un produit doit contenir autant de chiffres décimaux que ses deux facteurs ensemble, et comme le dividende est le produit du diviseur par le quotient, il faut que le dividende contienne autant de chiffres décimaux que le diviseur et le quotient. Ainsi, dans l'exemple précité, le dividende a trois chiffres décimaux et le diviseur n'en a aucun, le quotient doit donc en avoir trois. Ce quotient doit donc être 2, 983.

Si le dividende et le diviseur comprennent tous deux des chiffres décimaux, il faut encore opérer comme s'ils étaient des nombres entiers ; ensuite, comme le dividende doit contenir autant de chiffres décimaux que le diviseur et le quotient, on en conclura que le quotient doit contenir un nombre de chiffres décimaux, tel qu'en lui ajoutant le nombre des chiffres décimaux du diviseur, on retrouve le nombre des mêmes chiffres au dividende. Ainsi, si le dividende renfermait cinq chiffres décimaux et le diviseur 3, on devrait en conclure que le quotient doit en contenir 2?

Exemple pour le premier cas : Soit 245, 6 à diviser par 37 :

$$
\begin{array}{r|l}
2\,4\,5\,6 & 3\,7 \\
2\,2\,2 & \overline{6\,6}\ \text{écrivez } 6,6 \\
\hline
2\,3\,6 & \\
2\,2\,2 & \\
\hline
1\,4 &
\end{array}
$$

Exemple pour le second cas : Soit 28942, 674 à diviser par 543, 82

$$
\begin{array}{r|l}
2\,8\,9\,4\,2\,,6\,7\,4 & 5\,4\,3\,,8\,2 \\
2\,7\,1\,9\,1\quad 0 & \overline{5\,3\,2}\ \text{écrivez } 53, 2. \\
\hline
1\,7\,5\,1\quad 6\,7 & \\
1\,6\,3\,1\quad 4\,6 & \\
\hline
1\,2\,0\,2\,1\,4 & \\
1\,0\,8\,7\,6\,4 & \\
\hline
1\,1\,4\,5\,0 &
\end{array}
$$

Il pourrait arriver que le dividende contînt moins de chiffres décimaux que le diviseur; dans ce cas, il faut écrire à droite du dividende un nombre de zéros suffisant pour qu'il y ait autant de chiffres décimaux dans les deux nombres, ce qui rendra l'opération possible. Alors il n'y aurait pas de chiffres décimaux au quotient. Ceci est fondé sur le principe que l'on peut écrire à la droite d'une quantité décimale autant de zéros qu'on voudra sans en changer la valeur.

PROBLÈMES

SUR LA SOUSTRACTION ET LA DIVISION.

On a prêté une somme de 5645 f. 255 sur laquelle l'emprunteur a déjà rendu 3427,75 ; combien doit-il encore ?

Un ouvrier a cédé 547^m, 2564 d'ouvrage sur 968^m, 45 qu'il devait faire ; combien lui en reste-t-il ?

L'air pèse 770 fois moins que l'eau, et le mercure pèse 13 , 498 fois plus que l'eau ; combien de fois le mercure pèse-t-il plus que l'air ?

On a partagé entre 237 pauvres une somme de 9843 francs , 50^c ; combien chaque pauvre aura-t-il ?

On compte 1000000 de mètres du pôle à l'équateur, et l'on divise cette distance en 90 degrés de latitude ; combien y a-t-il de mètres par degrés ?

Combien la lieue commune contient-elle de mètres, sachant qu'elle est contenue vingt-cinq fois dans un degré terrestre ?

QUOTIENTS.

ÉVALUÉS EN DÉCIMALES.

Nous avons dit, en parlant de la division, qu'un nombre n'était pas toujours exactement contenu dans un autre un certain nombre de fois, et qu'il y avait alors un reste plus petit que le diviseur, ce qui ne permet plus de continuer l'opération. Cependant le reste doit aussi être divisé si on veut obtenir un quotient exact. Quand on faisait un fréquent usage des fractions, on se contentait d'écrire le reste à la suite du quotient sous la forme d'une fraction dont ce reste était le numérateur et à laquelle on donnait le diviseur pour dénominateur.

Les fractions décimales nous fournissent le moyen d'éviter l'emploi des fractions ordinaires pour évaluer les quotients, dans les divisions de deux nombres qui ne sont pas exactement divisibles l'un par l'autre.

Soit par exemple le nombre 4632 à diviser par 45 :

$$
\begin{array}{r|l}
4\;6\;3\;2 & 4\;5 \\
4\;5 & \overline{1\;0\;2} \\
\hline
1\;3\;2 \\
4\;2
\end{array}
$$

Le véritable quotient sera $102 + \tfrac{42}{45}$.

Voyons combien les 42 unités qui restent,

et qu'il faut diviser par 45, valent de dixièmes. Chaque unité valant dix dixièmes, les
quarante deux unités vaudront quatre cent
vingt dixièmes, et nous pourrons écrire
420. Divisant maintenant sans avoir égard
à la virgule, nous placerons d'abord une
virgule à la droite du quotient, afin d'indiquer qu'on ne va plus obtenir à la suite du
premier quotient que des chiffres décimaux. On trouve pour premier chiffre
décimal un quotient 9, qui exprime des
dixièmes. Il reste encore 15 ; on ajoute un
zéro pour avoir des centièmes, et on trouve
3 au quotient pour exprimer des centièmes;
on pourrait ainsi continuer la division
jusqu'à ce qu'on obtienne des millièmes ;
des millionièmes etc., etc. ; le quotient
évalué en décimales serait donc 102 unités
93 centièmes.

Quand on évalue un quotient en décimales, il peut se présenter deux cas :

1° On arrive à un reste nul et on a un
quotient exact.

2° En poussant convenablement l'opération, on trouve une série de chiffres qui
se reproduisent perpétuellement les mêmes,
et dans le même ordre. Alors on a un quotient périodique qui n'est pas exact, à
moins de prendre un nombre infini de
chiffres. Il ne faut pas conclure de là que
l'évaluation des quotients en décimaux ne
peut être utile que dans le cas où on trouve

pour reste un *zéro*. On ne doit pas oublier que la parfaite exactitude ne saurait guère exister dans la pratique, et qu'il faut se contenter d'en approcher le plus possible ; d'ailleurs, comme on est toujours libre de pousser plus loin l'approximation, l'erreur finit par devenir si légère qu'elle ne mérite plus de fixer notre attention.

PROBLÈMES.

Partager 27 francs entre 36 personnes.

La toise vaut 1, 949 mètres ; on demande la valeur du pied à un cent millième de mètre près ?

Partager entre 14 ouvriers 2,456 mètres d'ouvrages.

SYSTÈME LÉGAL

DES POIDS ET MESURES.

Autrefois, en France, chaque province, souvent chaque ville, avait un système particulier de poids et mesures ; il fallait sans cesse faire de longs et ennuyeux calculs dans les relations commerciales, et il en résultait souvent de graves erreurs, quelquefois des querelles vives et des procès ruineux. On a enfin reconnu tout ce qu'un pareil ordre de choses avait de défectueux, surtout chez une nation qui marche en tout vers l'unité et la centralisation, et qui est soumise aux mêmes lois. On a donc

inventé un système en rapport avec notre
numération décimale, et une loi récente a
défendu , à partir du 1ᵉʳ Janvier 1840,
l'usage des anciens poids et des anciennes
mesures. Cette loi trouvera naturellement
ici sa place, et nous nous faisons un devoir
de la donner textuellement en tête des
observations que nous avons à faire sur le
nouveau système des poids et mesures.

*Loi du 4 Juillet 1837, qui rend obliga-
toire le système légal des poids et mesures,
à partir du 1ᵉʳ Janvier 1840.*

ARTICLE PREMIER.

Le décret du 1ᵉʳ Février 1812, concernant les poids et mesures, est et demeure
abrogé.

ART 2.

Néanmoins, l'usage des instrumens de
pesage et de mesurage, confectionnés en
vertu des articles 2 et 3 du décret précité,
sera permis jusqu'au 1ᵉʳ Janvier 1840.

ART. 3.

A partir du 1ᵉʳ Janvier 1840, tous poids
et mesures, autres que les poids établis par
la loi du 18 Germinal an III et IX, Brumaire an VIII, constitutive du système métrique décimal, seront interdits, sous les
peines portées par l'article 479 du Code
pénal.

ART. 4.

Ceux qui auront des poids et mesures

autres que les poids et mesures ci-dessus reconnus dans leurs magasins, boutiques, ateliers ou maisons de commerce, ou dans les halles, foires ou marchés, seront punis comme ceux qui les emploient, conformément à l'article 479 du Code pénal.

ART. 5.

A compter de la même époque, toutes dénominations autres que celles portées dans le tableau annexé à la présente loi, et établi par la loi du 28 Germinal, an III, sont interdites dans les actes publics ainsi que dans les affiches et annonces; elles sont également interdites dans les actes sous seing-privés, dans les registres de commerce et autres écritures privées produits en justice.

Les officiers publics contrevenants seront passibles d'une amende de vingt francs, qui sera recouvrée sans contrainte comme en matière d'enregistrement. L'amende sera de dix francs pour les autres contrevenants; elle sera perçue pour chaque acte ou écriture sous signature privée. Quant aux registres de commerce, ils ne donneront lieu qu'à une seule amende pour chaque contravention dans laquelle ils seront produits.

ART. 6.

Il est défendu aux juges et autres de rendre un jugement à décision, en faveur des particuliers, sur des actes, registres ou

écrits dans lesquels les dénominations interdites par l'article précédent auraient été
insérées avant que les amendes inconnues
aux termes de cet article aient été payées.

Art. 8.

Les vérificateurs des poids et mesures
constateront les contraventions prévues
par les lois et réglements concernant le
système métrique des poids et mesures ;
ils pourront procéder à la saisie des
instruments de pesage et de mesurage dont
l'usage est interdit par lesdites lois et
règlements ; leurs procès-verbaux feront
foi en justice jusqu'à preuve contraire. Les
vérificateurs prêteront serment devant le
tribunal d'arrondissement.

Art. 8.

La présente loi, discutée, délibérée et
adoptée par la Chambre des Pairs et par
celle des Députés, et sanctionnée par le
Roi, sera exécutée comme loi de l'État.

Nous croyons devoir citer le texte de
l'article 479 du Code pénal, dont il est
fait mention dans la loi que nous venons
de rapporter.

Art. 479 du Code pénal. Seront punis
d'une amende de onze à quinze francs, inclusivement, ceux qui auront de faux poids
ou de fausses mesures, et ceux qui emploieraient des poids et des mesures différents de ceux qui sont établis par les lois
en vigueur : sans préjudice des peines qui

seront prononcées par les tribunaux de police correctionnelle contre ceux qui auront fait usage de ces faux poids ou de ces fausses mesures.

MESURES LINÉAIRES
OU DE LONGUEUR.

L'unité de longueur sert de base à toutes les autres mesures. Pour avoir une base bien déterminée et invariable, on a mesuré le quart du méridien qui passe à Paris, distance du pôle à l'équateur; on a pris la *dix millionième* partie de cette distance, à laquelle on a donné le nom de *mètre*.

Pour former des mesures plus petites ou plus grandes que le mètre. on a suivi l'ordre du système décimal. Ainsi, dix fois le mètre donne une nouvelle mesure appelée *décamètre*; dix fois le décamètre une nouvelle mesure appelée *hectomètre* et ainsi de suite. Avec ces mots *déca*, 10, *hecto*, 100, *kilo*, 1000, *myria*, 10,000, on obtient toutes les mesures plus grandes que le mètre. Pour obtenir les mesures de dix en dix fois plus petites, on emploie les mots *déci*, un dixième, *centi*, un centième, *milli*, un millième.

Un mètre.	Un mètre,
Décamètre 10^m.	Décimètre. 0, 1
Hectomètre 100^m.	Centimètre 0, 01
Kilomètre 1000^m.	Millimètre. 0, 001
Myriamètre. 10000^m.	

Les mesures itinéraires admises maintenant en France sont le kilomètre et le myriamètre.

Le kilomètre vaut un peu plus que le quart de la lieue de poste, de 2000 toises, et le myriamètre est un peu plus grand qu'une double lieue de 2500.

MESURES DE SUPERFICIE.

Dans les usages les plus ordinaires, on adopte ordinairement pour unité de superficie un carré qui a un mètre de côté et qu'on appelle *mètre carré*. Pour de plus petites surfaces, on emploie le *décimètre carré* en observant que le *décimètre carré* forme une surface qui entre cent fois dans un mètre carré, ce qui fait que les décimètres carrés n'expriment que des centièmes par rapport au mètre carré. Ainsi, il faut écrire 15, 25 pour *quinze mètres, vingt-cinq décimètres carrés*. S'il était nécessaire de prendre une mesure encore plus petite que le décimètre, on pourrait adopter le centimètre carré, surface qui entre cent fois dans le décimètre carré ou 10,000 fois dans le mètre carré. Ainsi, pour lire quarante huit mètres cinq mille six cent quarante cinq centimètres carrés, il faut écrire 48, 5645.

Pour la mesure des terres, on a adopté une unité plus grande que le mètre carré; on lui a donné le nom d'*are*, c'est un carré qui a dix mètres de côté. Pour obtenir des surfaces plus grandes, on suit la marche adoptée pour composer les multiples du mètre. Ainsi, dix ares font un *décare*, cent ares, un hectare, etc.

Surfaces plus grandes que l'are.

mètres carrés.

Are, unité principale, qui vaut		100.
Décare . . dix ares		1,000.
Hectare . . cent ares		10,000.
Kilare . . . mille ares.		100,000
Myriare . dix mille ares		1000,000.

Surfaces plus petites que l'are.

mètres carrés.

Are, unité pricipale, qui vaut		100.
Déciare, un dixième d'are, ou		10.
Centiare, un centième d'are, ou		1.

MESURES DES VOLUMES.

L'unité de volume est le *mètre cube*. C'est un cube qui a la forme d'un dé à jouer et qui a un mètre de côte. Cette unité, employée à la mesure des bois de chauffage, s'appelle *stère*. On n'admet, dans le commerce, que le *décastère*.

Les mesures qu'il serait possible d'obtenir en multipliant ou en divisant successivement le mètre cube par dix, n'ont pas reçu des noms particuliers dans notre système des poids et mesures.

Mesures de capacités pour les liquides et les graines.

On donne le nom de *litre* à l'unité de capacité employée pour les mesures des liquides et des graines.

Le litre offre un volume égal à celui d'un cube ayant un décimètre de côté, ou d'un *décimètre cube.*

Les mesures plus grandes ou plus petites se forment toujours en suivant l'ordre décimal.

Hectolitre, mesure de 100 litres.
Décalitre . . . . 10 litres.
Litre . . . . unité principale.
Décilitre . . . . un dixième de litre.
Centilitre . . . . un centième de litre.

DES POIDS.

On a donné le nom de *gramme* à l'unité de poids. Elle est équivalente au poids d'un centimètre cube d'eau distillée; mais comme l'eau, ainsi que tous les autres corps, change de volume, c'est-à-dire, occupe plus ou moins d'espace, selon la température, il en résulte que le même volume d'eau n'a pas toujours le même poids. Alors on a pris pour le gramme le poids d'un centimètre cube d'eau distillée à une température fixe de 4°, 4, qui est celle du maximum de condensation de l'eau, c'est-à-dire, celle à laquelle une quantité d'eau donnée a le plus petit volume possible.

Poids plus grands que le gramme.

Gramme . . . . unité principale.

Décagramme . . . dix grammes.
Hectogramme . . . cent grammes.
Kilogramme . . . mille grammes.
Myriagramme . . . dix milles grammes.

Poids plus petits que le gramme.

Gramme . . . . . . unité principale.
Décigramme . . . . 0,1 de gramme.
Centigramme. . . . 0,01 —
Milligramme . . . . 0,001 —

Le kilogramme vaut un peu plus que le double de la livre ancienne.

La nouvelle livre, dont on se sert depuis quelque tems, est la moitié du kilogramme.

DES MONNAIES.

L'unité de monnaie est le *franc*. Il pèse cinq grammes et renferme 9 dixièmes d'argent pur et un dixième d'alliage.

Le franc vaut $\frac{1}{80}$ de plus que la livre, c'est-à-dire que 80 francs valent 81 livres tournois. On appelle décime le dixième du franc; centime, la centième partie du franc. On ne fait pas usage des dénominations qu'on pourrait donner aux valeurs plus grandes que le franc.

Le système légal des poids et mesures offre de grands avantages, en ce qu'on lui applique le calcul des fractions décimales, calcul si simple et si facile; en ce qu'il est uniforme et que toutes les unités peuvent être ramenées à la même base, le mètre, dix millionième partie du quart du méridien ; en ce qu'il est fixe, invariable, susceptible d'être adopté non-seulement dans tous les départements de la France, mais encore dans tous les pays étrangers, et qu'il forme une fraction de cette unité tant désirable entre tous les peuples, et que les hommes sages voudraient établir pour le bonheur de l'humanité.

Il faut que les maîtres ne manquent pas de bien faire comprendre aux élèves que le mètre, base unique du système, est invariable et fixe, parce qu'elle est prise dans la nature même, qui ne peut changer chez aucun peuple.

COMPARAISON.

DES MESURES ANCIENNES AVEC LES NOUVELLES.

La distance du pôle à l'équateur est égale à 5,130,740 toises.

Le mètre est la dixmillionième partie de cette distance.

On a donc 5,130740 = 10,000,000 de mètres.

Si l'on divise par 5,130,740 les deux membres de cette équation, on aura une toise égale 1 mètre 94904 cent millièmes de mètre.

Si, réciproquement, on divise 5130740 toises par 10,000,000, on aura 1 mètre = 0^t; 5130074.

De simples divisions suffiront pour descendre à la valeur d'un pied, d'un pouce, d'une ligne en fractions décimales, et, par quelquesmultiplications non moins faciles, on arrivera à convertir la dernière fraction décimale qui exprime la valeur de la toise, en pieds, pouces, lignes, etc.

Pour cela, il suffira de disposer les opérations de cette manière :

Une toise $= 1^m. 34904.$

1 pied $= \dfrac{1\ \text{toise}}{6}$ ou $0^m., 32484.$

1 pouce $= \dfrac{1\ \text{pied}}{12}$ ou $0^m, 02707.$

Une ligne $= \dfrac{1\ \text{pouce}}{12}$ ou $0^m., 00226.$

1 mètre $= 0^t, 513074.$

```
 t.   0 | 513074
                6
 ————————————————
 p.   3 | 078444
              12
 ————————————————
        156888
         78444
 ————————————————
 p.   0 | 941328
              12
 ————————————————
        1 882656
        9 41328
 ————————————————
 lig. 11 | 295956
```

On multiplie par 6 la fraction décimale de toise pour la convertir en pieds; en multipliant celle-ci par 12, elle a la fraction décimale de pouces, qui, multipliée elle-même par 12, donne la fraction décimale de lignes.

Ainsi :

$1^m = 0^t,513074, = 3^p + 0^P + 11^l,296$

En comparant les anciennes unités de poids avec les nouvelles, on a trouvé que 1882715 grains = 100000 grammes.

La comparaison des monnaies a fait connaître que 84722175 liv. égalaient 83675956 fr. ou à très-peu de chose près $81^l = 80^{fr}$.

Pour réduire les unités principales des anciens poids et mesures qu'on appelait nombres complexes en unités de leur plus petite espèce, on convertit d'abord les unités principales en unités de l'espèce immédiatement inférieure ; à ce résultat, on ajoute les unités de même espèce qui se trouvent dans le *nombre complexe* proposé. Ensuite, on convertit cette somme en unité de l'espèce inférieure suivante, et on joint encore au résultat les unités semblables que renferme encore le nombre donné, et ainsi de suite jusqu'à ce qu'on soit arrivé à l'unité de la plus petite espèce.

Si nous voulons réduire le nombre 5 toises, 4 pieds, 6 pouces, 5 lignes, en lignes, nous réduisons d'abord 5 toises en pieds, ce qui se fait en multipliant 5 par 6, puisque le tout renferme les pieds ; à ce produit nous ajoutons 4 pieds et nous avons en tout 34 pieds, qu'il faut réduire en pouces. Nous arriverons à ce résultat en multipliant 34 par douze, au produit trouvé nous ajoutons les 6 pouces contenus dans le nombre donné ; et nous avons 414 pouces, qui nous donnent enfin 4973 lignes, en suivant la même marche pour réduire les pouces en lignes.

Si on voulait réduire 3 ¹ 5 · 4 ᵈ en deniers, on trouverait 784 deniers.

On pourra, par des calculs non moins faciles, convertir toutes les anciennes mesures en nouvelles, et réciproquement ; mais il est plus simple de consulter les tables suivantes, dressées dans le but d'éviter un calcul qui, sans être difficile, est quelquefois fort long.

N.	Hectares en arp.' Eaux et Forêts, ou arcs en perch. carrées.	Hect.' eu arpens de Paris, ou ares en perches carrées.	Stères en cordes de bois, Eaux et Forêts	Mètres cubes en stères.
1	1,958020	2,924943	0,26048	9,7246
2	3,916040	5,849886	0,52096	19,4492
3	5,874063	8,774829	0,78144	29,1739
4	7,832080	11,699772	1,04192	38,8985
5	9,790100	14,624715	1,30241	48,6231
6	11,748120	17,549658	1,56289	58,3477
7	13,706140	20,474601	1,82337	68,0723
8	15,664160	23,399544	2,08385	77,7970
9	17,622180	26,324487	2,54433	87,5216
10	19,580200	29,249430	2,60481	97,2462

N.	Arpens Eaux et Forêts en hectares ou perches carrées en ares.	Arp. de Paris en hectares ou perc. carrées en ares.	Cordes de bois, Eaux et Forêts en stères.	Soliv. (charp.) en stères ou mètres cubes.
1	0,510720	0,541887	5,8591	0,10285
2	1,021440	0,683774	7,6781	0,20566
3	1,532060	1,025661	11,5172	0,30850
4	2,042880	1,367648	15,3562	0,41133
5	2,553600	1,709435	19,1953	0,51416
6	3,064320	2,051322	23,0343	0,61699
7	3,575040	2,393209	26,8744	0,71982
8	4,085760	2,735096	30,7124	0,82265
9	4,596480	3,076983	34,5515	0,92549
10	5,107200	3,418870	38,3905	1,02853

N.	Toises cubes en mètres cubes.	Pieds cubes en mètres cubes.	Pouces cubes en mètres cubes.	Lignes cubes en mètres cubes.
1	7,40389	0,0342773	0,000019836	0,00000001148
2	14,80778	0,0685545	0,000039673	0,00000002296
3	22,21167	0,1028518	0,000059509	0,00000003444
4	29,61556	0,1371090	0,000079346	0,00000004592
5	37,01945	0,1713863	0,000099182	0,00000005740
6	44,42334	0,2056636	0,000119018	0,00000006888
7	51,82723	0,2399408	0,000138855	0,00000008036
8	59,23112	0,2742181	0,000158691	0,00000009184
9	66,63501	0,3084953	0,000178528	0,00000010332
10	74,03890	0,3427726	0,000198364	0,00000011480

N.	Mètres cubes en toises cubes.	Mètres cubes en pieds cubes.	Mètres cubes en pouces cubes.	Mètres cubes en lignes cubes.
1	0,135064	29,1737	50412,42	87112655
2	0,270128	58,3479	100824,85	174225310
3	0,405192	87,5216	151237,25	261337965
4	0,540257	116,6954	201649,66	348450619
5	0,675321	145,8695	252062,08	435563274
6	0,810385	175,0431	302474,50	522675925
7	0,945449	204,2170	452886,91	609788585
8	1,080513	5,3908	403299,33	696901239
9	1,215577	262,5647	453711,74	784013894
10	1,350641	291,7385	504124,16	871126549

N.	Toises en mètres.	Pieds en mètres.	Pouces en mètres.	Lignes en mètres.
1	1,94904	0,52484	0,027070	0,002256
2	3,89807	0,64968	0,054140	0,004512
3	5,84711	0,97452	0,081210	0,006768
4	7,79615	1,29936	0.108280	0,009024
5	9,74518	1,62420	0,055550	0,011280
6	11,69422	1,94904	0,162419	0,013536
7	13,64326	2,27388	0,189489	0,015792
8	15,59230	2,59872	0,216559	0,018048
9	17,54133	2,92356	0,243629	0,020304
10	19,49037	3,24840	0,270699	0,012560

N.	Mètres en toises.	Mètres en pieds.	Mètres en pouces.	Mètres en lignes.
1	0,51307	3,07844	56,9415	445.296
2	1,02615	6,15689	73,8827	886.592
3	1,53922	9,23533	110,8240	1329,888
4	2,05230	12,31378	147,7653	1773,184
5	2,56537	15,39222	184,7067	2216,480
6	3,07844	18,47066	221.6480	2659.775
7	3,59152	21,54911	258,5893	3103,071
8	4,10459	24.62755	295,5306	3546,367
9	4,61767	24.70600	332,4720	3989,663
10	5,13074	30.78444	568,4135	4432,959

N.	Aunes en mètres.	Fractions d'aune en mètres.		Fractions d'aune en mètres.		Fractions d'aune en mètres.	
1	1,18845	$1/2$	0,594	$7/8$	1,040	$11/16$	0,817
2	2,37689	$1/3$	0,396	$1/12$	0,099	$13/16$	0,966
3	3,56534	$2/3$	0,792	$5/12$	0,495	$15/16$	1,114
4	4,75378	$1/4$	0,297	$7/12$	0,693		
5	5,94223	$3/4$	0,891	$11/12$	1,089		
6	7,13068	$1/6$	0,198	$1/16$	0,074		
7	8,31912	$5/6$	0,990	$3/16$	0,223		
8	9,50757	$1/8$	0,149	$5/16$	0,371		
9	10,69601	$3/8$	0,446	$7/16$	0,520		
10	11,88446	$5/8$	0,743	$9/16$	0,669		

F.	Mètres en aunes.	N.	Décimales d'aune en fractions.	N.	Décimales d'aune en fractions.	N.	Décimales d'aune en fractions.
1	0,84144	0,063	.... $1/16$	0,458	.... $7/16$	0,375	.... $7/8$
2	1,68287	0,083	.... $1/12$	0,500	.... $1/2$	0.917	.... $11/12$
3	2.52431	0,125	.... $1/8$	0,563	.... $9/16$	0,938	.... $15/16$
4	3,36574	0,167	.... $1/6$	0,585	.... $7/12$		
5	4,20718	0,188	.. $3/16$	0,625	.... $5/8$		
6	5,04861	0,250	.... $1/4$	0,667	.... $2/3$		
7	5,89005	0,313	.... $5/16$	0,688	.... $11/16$		
8	6,73148	0,333	.... $1/3$	0,750	.... $3/4$		
9	7,57292	0,375	.... $3/8$	0,813	.... $13/16$		
10	8,41435	0,417	.... $5/12$	0.833	.... $5/6$		

N.	Toises carrées en mètres carrés.	Pieds carrés en mètres carrés.	Pouces carrés en mètres carrés.	Lignes carrées en mètres carrés.
1	3,798744	0,105521	0,00073278	0,000005089
2	7,597487	0,211041	0,00146356	0,000010178
3	11,396231	0,316552	0,00219834	0,000015267
4	15,194975	0,422083	0,00293112	0,000020356
5	18,993718	0,527604	0,00366390	0,000025445
6	22,792462	0,633124	0,00439668	0,000030534
7	26,591205	0,738645	0,00512946	0,000035623
8	30,389949	0,844166	0,00586224	0,000040712
9	34,188693	0,649686	0,00659502	0,000045801
10	37,987436	1,055207	0,00732780	0,000050890

N.	Mètres carrés en toises carrées.	Mètres carrés en pieds carrés.	Mètres carrés en pouces carrés.	Mètres carrés en lignes carrées.
1	0,263245	9,47683	1364,66	196511
2	0,626490	18,95365	2729,32	393023
3	0,789735	28,43045	4093,99	589554
4	1,052980	37,90726	5458,65	786045
5	1,316225	47,38408	6823,31	982557
6	1,579469	66,86090	8187,97	1179068
7	1,842714	56,33771	9552,63	1375579
8	2,105959	75,81453	10917,50	1572090
9	2,369104	85,29134	12281,96	1768602
10	2,632449	94,76816	13646,62	1965113

N.	Litres en veltes de Paris.	Litres en pintes de Paris.	Litres en. setiers de Paris.	Litres en boisseaux.	Litres en litrons.
1	0,13422	1,0757	0,006406	0,07687	1,2300
2	0,26844	2,1475	0,012812	0,15375	2,4600
3	0,40266	3,2212	0,019219	0,23062	3,6900
4	0,53688	4,2950	0,025625	0,30750	4,9199
5	0,67110	5,3685	0,032031	0,38437	6,1499
6	0,80552	6,4424	0,038437	0,46124	7,3799
7	0,93954	7,5162	0,044843	0,53812	8,6099
8	1,07376	8,5899	0,051250	0,61499	9,8599
9	1,20798	9,6637	0,057656	0,69187	11,0699
10	1,34218	10,7374	0,064062	0,76874	12,2998

N.	Veltes de Paris en litres.	Pintes de Paris en litres.	Setiers de Paris en litres.	Boisseaux en litres.	Litrons en litres.
1	7,4506	0,9313	156,10	13,008	0,8130
2	14,9012	1,8626	312,20	26,017	1,6260
3	22,3518	2,7940	468,30	39,025	2,4391
4	29,8024	3,7253	624,40	52,033	3,2521
5	37,2530	4,6566	780,50	65,042	4,0651
6	44,7036	5,5879	936,60	78,050	4,8781
7	52,1542	6,5192	1092,70	91,058	5.6911
8	59,6048	7,4506	1248,80	104,066	6,5042
9	67,0554	8,3819	1404,90	117,075	7,5172
10	74,5056	9,3132	1561,00	130,083	8,1302

N.	Livres en kilogrammes.	Onces en kilogrammes.	Gros en kilogrammes.	Grains en kilogrammes.
1	0,48951	0,03059	0,003824	0,0000531
2	0,97901	0,06119	0,007648	0,0001062
3	1,46852	0,09178	0,011472	0,0001593
4	1,95802	0,12238	0,015296	0,0002124
5	2,44753	0,15297	0,019120	0,0002655
6	2,93704	0,18356	0,022944	0,0003186
7	3,42654	0,21416	0,026768	0,0003717
8	3,91605	0,24475	0,030592	0,0004348
9	4,40555	0,27535	0,034416	0,0004779
10	4,89506	0,30594	0,038240	0,0005310

N.	Kilogrammes en livres.	Kilogrammes en onces.	Kilogrammes en gros.	Kilogrammes en grains.
1	2,04288	32,686	261,49	18827,15
2	4,08575	65,372	522,98	37654,30
3	6,12863	98,058	784,46	56481,45
4	8,17150	130,744	1045,95	75308,60
5	10,21438	163,430	1307,44	94135,75
6	12,25726	196,116	1568,93	112962,90
7	14,30013	228,802	1830,42	131790,05
8	16,34301	261,488	2091,90	150617,20
9	18,38588	294,174	2353,39	169444,35
10	20,42876	326,860	2614,88	188271,50

N.	Livres en francs.	Sous en francs.	Deniers en francs.
1	0,987654	0,0494	0,0041
2	1,975309	0,0988	0,0082
3	2,962963	0,1481	0,0123
4	3,950617	0,1975	0,0165
5	4,938272	0,2469	0,0206
6	5,925926	0,2963	0,0247
7	6,913580	0,3457	0,0288
8	7,901235	0,3951	0,0329
9	8,888889	0,4444	0,0370
10	9,876543	0,4938	0,0412

N.	Francs en livres.	Décimes en livres.	Centimes en livres.
1	1,0125	0,1013	0,0101
2	2,0250	0,2025	0,0203
3	3,0375	0,3038	0,0304
4	4,0500	0,4050	0,0405
5	5,0625	0,5063	0,0506
6	6,0750	0,6075	0,0608
7	7,0875	0,7088	0,0709
8	8,1000	0,8100	0,0810
9	9,1125	0,9113	0,0911
10	10,1250	1,0125	0,1013

5 *

USAGE DES TABLES.

Soit 6872 toises dont on veut avoir la valeur en mètres, on aura :

$$6\,0\,0\,0 = 1\,1\,6\,9\,4,\,2\,2$$
$$8\,0\,0 = 1\,5\,0\,9,\,2\,3$$
$$7\,0 = 1\,3\,6,\,4\,3$$
$$3 = 5,\,8\,5$$

$$6\,8\,7\,3 = 1\,3\,5\,4\,5,\,7\,3$$

Pour 6000¹, on prendra la valeur de 6 toises en mètres, et l'on avancera la virgule de trois rangs vers la droite, ce qui donnera la valeur de 6000¹.

On prendra ensuite la valeur de 8¹, et on avancera la virgule de deux rangs vers la droite pour avoir celle de 800, et ainsi de suite.

On demande en francs la valeur de 930¹ 7' 9ᵈ.

Vous trouverez pour 900¹ 8 8 8 , 8 8 9
Pour 30¹ .... 2 9 , 6 3 0
Pour 7' . . . . 0 , 3 4 6
Pour 9ᵈ . . . . 0 , 0 3 7

$$9\,1\,8,\,9\,0\,2$$

930¹ 7' 9ᵈ valent en francs 918, 902.

Un lingot d'argent pèse 58ˡ 6ᵒ 5₈; combien pèse-t-il en kilogrammes ?

$$
\begin{array}{rl}
5\,0^{l} = & 2\,4,\ 4\ 7\ 5 \\
8 = & 3,\ 9\ 1\ 6 \\
6^{v} = & 0,\ 1\ 8\ 4 \\
5_{g} = & 0,\ 0\ 1\ 9 \\
\hline
& 2\ 8,\ 5\ 9\ 4
\end{array}
$$

58 livres, 6 onces, 5 gros valent 28,1594.

Un champ contient 36 toises carrées, 20 pieds c. 84 pouces c.; combien renferme-t-il de mètres carrés ?

$$
\begin{array}{lll}
30 \text{ toises carrées} = & 1\,1\,3^{m\ c}.\ & 9\ 6\ 2\ 5 \\
6\phantom{0 \text{ toises carrées}} = & 2\,2\ ,\ & 7\ 9\ 2\ 5 \\
20 \text{ pieds carrés} = & 2\ ,\ & 1\ 1\ 0\ 4 \\
80 \text{ pouces carrés} = & 0\ ,\ & 0\ 5\ 8\ 6 \\
4 \quad \text{id.} = & 0\ ,\ & 0\ 0\ 2\ 9 \\
\hline
& 1\,3\,8^{m}\ & 9\ 2\ 6\ 7
\end{array}
$$

36ᵗ carrées, 20 pieds c. 84 pouces c. valent 138 ᵐᵉ, 9267.

Ces exemples suffiront pour faire concevoir l'usage des tables.

Nous avons dit plus haut que toute fraction ordinaire pouvait être transformée en fraction décimale, et on a trouvé dans la lecture des tables la preuve de cette vérité. Voici la marche à suivre pour opérer cette transformation.

Supposons qu'il s'agisse de trouver la

fraction décimale équivalente à la fraction ordinaire $^3/_4$.

Toute fraction ordinaire indique le quotient d'une division dont le numérateur est le dividende et le dénominateur le diviseur. Il ne s'agit donc que d'exprimer ce quotient en décimales.

En divisant 3 par 4, on trouve d'abord o, ce qui signifie que le quotient ne peut contenir d'unités entières. Mais une unité valant dix dixièmes, en plaçant un zéro à la suite du dividende 3, on aura trente dixièmes à diviser par 4, et on obtiendra 7 dixièmes au quotient. Le nouveau diviseur sera 2 dixièmes, en plaçant un zéro à la droite de ce reste, il deviendra 20 centièmes, qui, divisés par 4, donneront au quotient 5 centièmes, et il n'y aura plus de reste.

$$\begin{array}{r|l} 3\ 0 & 4 \\ 2\ 8 & \overline{\ \ 0,\ 7\ 5} \\ \hline 2\ 0 \\ 2\ 0 \\ \hline 0 \end{array}$$

La fraction ordinaire $^3/_4$, exprimée en décimales, donnera donc ces 75. Par le même procédé, on trouvera que la fraction $^7/_8 = $ o, 875, huit cent soixante-quinze millièmes.

Si l'on voulait remettre la fraction décimale sous la forme d'une fraction or-
dinaire, on écrirait simplement $\frac{75}{100}$ et $\frac{875}{1000}$

En terminant cet article, nous ne laisse-
rons pas ignorer à MM. les Instituteurs
qu'un arrêté du Conseil royal d'instruction
publique, à la date du 14 Avril 1838, leur
enjoint d'enseigner uniquement le système
métrique, et de ne s'occuper que de la con-
version des anciennes mesures en nouvelles.

QUESTIONNAIRE DE LA II° PARTIE.

Comment définit-on les fractions décimales ?

Quelles sont les différentes manières d'écrire
une fraction décimale ?

Altère-t-on la valeur d'une fraction décimale
par le déplacement de la virgule ?

Que suffit-il de faire pour rendre une fraction
décimale 10, 100, 1000 fois plus grande ou plus
petite ?

Comment fait-on l'addition des fractions décimales ?

Comment fait-on la multiplication des fractions
décimales ?

Combien de cas peuvent se présenter dans la
multiplication des fractions décimales ?

Comment fait-on la soustration ?

Comment se fait la division ?

Que fait-on avant d'opérer, quand le dividende
contient moins de chiffres décimaux que le diviseur ?

Combien le quotient doit-il contenir de chiffres décimaux, quand il y en a 5 au dividende et 2 au diviseur ?

Pourquoi n'a-t-on pas de décimales au quotient, quand le dividende et le diviseur en renferment un égal nombre ?

Qu'appelle-t-on quotients évalués en décimales;

Comment évalue-t-on un quotient en décimales ?

Dans quel but a-t-on inventé le système nouveau des poids et mesures ?

Quel est son utilité?

Sur quelle base repose-t-il ?

Pourquoi cette base est-elle invariable ?

A quelle époque ne sera-t-il plus permis de faire usage des anciens poids et mesures ?

Quelle est la date de la loi qui interdit cet usage ?

Comment se forment les multiples et les sous multiples ?

Quelle est la mesure de longueur ?

Quelle est la mesure de superficie ?

Quelle est la mesure des volumes ?

Quelle est la mesure des capacités ?

Quelle est l'unité de poids ?

Quelle est l'unité monétaire ?

Quel est le rapport de la toise au mètre ?

Comment réduit-on les unités principales de l'ancien système des poids et mesures, en unités d'une plus petite espèce ?

Comment transforme t-on une fraction ordinaire en fraction décimale ?

FIN DE LA DEUXIÈME PARTIE.

TROISIÈME PARTIE.

DES RAPPORTS.

RÈGLES DE TROIS, DE SOCIÉTÉ, D'INTÉRÊT.

On appelle *rapport* le résultat de la comparaison de deux quantités.

On distingue *le rapport par différence* et *le rapport par quotient*. Le premier indique l'excès d'une quantité sur une autre, le second fait connaître combien de fois l'une de ces quantités contient l'autre.

Le rapport par différence s'appelle aussi *rapport arithmétique*, l'autre, *rapport géométrique*.

Ainsi, le rapport arithmétique de 9 à 7 est 2, le rapport géométrique de 12 à 3 est 4. — 8. 4 $=$ 2 — 12 : 3 $=$ 4.

Le rapport géométrique de deux quantités n'est que le quotient provenant de la division de l'une de ces quantités par l'autre. Ces deux quantités se nomment *termes* du rapport ; la première est l'antécédent, et la seconde le conséquent du rapport. On les sépare ordinairement par deux points, ou on les met sous la forme d'une fraction 4 : 2 ou $^4/_2$.

Ainsi, un rapport géométrique peut être considéré comme un quotient ou une fraction, d'où il faut naturellement conclure que tous les principes admis relativement aux termes d'une fraction, peuvent s'appliquer aux deux termes d'un rapport géométrique. Pour multiplier une fraction, il suffit de multiplier son numérateur ou de diviser son dénominateur; pour la diviser, il suffit de diviser son numérateur ou de multiplier son dénominateur; il en est de même pour les rapports. On les multiplie en multipliant l'antécédent ou en divisant le conséquent, et on les divise en divisant l'antécédent ou en multipliant le conséquent.

Il ne faut jamais perdre de vue que pour comparer deux quantités dans le but d'obtenir leur rapport, il faut qu'elles soient toujours de même nature.

Le rapport d'un nombre entier quelconque à l'unité est le plus simple de tous, $9 : 1 = 9$.

On a toujours pour but, dans les opérations de calcul, de *trouver un rapport* auquel on arrive par plusieurs procédés. Ou on compare entre eux les termes de certains rapports donnés, ou on prend l'unité pour terme de comparaison entre les deux termes de chacun des rapports donnés. Dans le premier cas, il faut recourir aux proportions; dans l'autre, il faut simplement suivre la méthode connue sous le nom de *réduction d'l'unité* : c'est cette dernière que nous préférons.

RÈGLE DE TROIS.

La règle de trois consiste à trouver l'un des termes d'un rapport.égal à un rapport donné et dont l'autre terme est connu. Exemple:

54 ouvriers ont fait 127 mètres d'ouvrage; combien 82 ouvriers feront-ils de mètres du même ouvrage et dans le même tems ?

Il y a deux rapports, l'un d'ouvriers, qui est connu . . . . 54 : 82. L'autre de mètres, qu'il faut chercher, 127 : x.

Si 55 ouvriers ont fait 127 mètres d'ouvrage, il est clair qu'un ouvrier en fera la 54ᵉ partie, c'est-à-dire 127/54; pour avoir l'ouvrage de 82 ouvriers, il faudra prendre 82 fois l'ouvrage fait par un seul; on aura donc

$$x = \frac{127 \times 82}{54} = 192,666$$

Les 82 ouvriers feront 192,666 du même ouvrage. Voilà la règle de trois simple.

Elle est composée, quand les rapports sont modifiés par des circonstances de temps ou tout autres. La marche à suivre, dans ce cas, n'est pas autre que celle indiquée plus haut; c'est toujours la règle de réduction à l'unité. Exemple :

24 ouvriers, travaillant pendant 7 jours. et 9 heures par jour, ont fait 65 mètres d'ouvrages; combien en feront 36 ouvriers. travaillant pendant 12 jours et 12 heures par jour ?

$$\text{Rapports,} \left\{ \begin{array}{l} \text{ouvriers, } 24 \cdot 36. \\ \text{jours } \ldots \quad 7 \cdot 9. \\ \text{heures } \ldots \quad 9 \cdot 12. \\ \text{ouvrage, } 65 \cdot x. \end{array} \right.$$

On divise d'abord 65 par 24, pour avoir le travail d'un ouvrier on multiplie ensuite par 36 pour obtenir l'ouvrage de 36 ouvriers. Cela fait, on divise le résultat par 7 et on a l'ouvrage fait dans une journée, d'où on arrive naturellement à l'ouvrage fait dans neuf jours, en multipliant par 9. On opère ainsi successivement sur tous les termes des rapports donnés, et on arrive à la connaissance exacte du nombre de mètres cherché.

$$\frac{65 \times 36 \times 9 \times 12}{24 \times 7 \times 9} = 167,112$$

Les 36 ouvriers feront 167m, 112.

RÈGLE DE SOCIÉTÉ.

Elle consiste à partager entre plusieurs personnes le bénéfice ou la perte d'une spéculation pour laquelle elles se sont associées. Ex. :

Trois associés ont mis : le premier 1500 fr., le deuxième 500, et le troisième 200 ; le bénéfice est de 2700 ; combien revient-il à chacun ?

On voit que les mises ne sont modifiées par aucune circonstance, c'est donc une règle de société simple.

La mise totale ou la somme des mises particulières est 2200 fr., et le bénéfice 2700 ; chaque franc a rapporté la 2200me partie de 2700, ou le quotient de 2700 divisé par 2200. Une fois le produit d'un franc obtenu, on a la partie de chaque sociétaire en multipliant ce produit par la mise de chacun. Ainsi, dans l'exemple donné, le produit d'un franc est 1,23 ; la part du premier associé sera donc 1,23 × 1500 ; celle du second 1,23 × 500, et celle du troisième 1,23 × 200, ou 1845, 615, et 246.

On se contentera de pousser jusqu'à un millième près, et la somme des bénéfices particuliers devra reproduire à peu près le bénéfice total.

Si les mises sont accompagnées de modification de temps, la règle de société est composée. Exemple :

Six commerçants ont formé une société ; le premier a mis 600 fr. pour 9 mois, le second 1800 pour 4 mois, le troisième 900 pour 5 mois, le quatrième 700 pour 3 mois, le cinquième 2,500 pour 10 mois, et le sixième 200 pour un mois.

Le bénéfice total est 37400ᶠ; on demande la part de chaque associé.

Il faut, avant tout, ramener la règle de société composée à une règle de société simple, et par cela il suffit de ramener toutes les mises à la même unité de temps, à un mois, par exemple.

Ainsi, 600 fr. mis pour 9 mois sont la même chose que 5400 fr. pour un mois.

1800ᶠ	pour 4 mois	=	7200 pʳ	1 mois
900	5	=	4500	1
700	3	=	2100	1
2500	10	=	25000	1
200	1	=	200	1

Total des mises 44400,
Total du bénéfice 37400.

Si 44400 fr. ont produit 37400, un franc a produit le quotient de 37400, divisé par 44400. En suivant la marche indiquée plus haut, on trouvera successivement la part de chacun des six associés.

RÈGLE D'INTÉRÊT.

La règle d'intérêt fait connaître la somme qu'un emprunteur est tenu de donner à celui qui lui prête de l'argent.

Le taux de l'intérêt légal est fixé par la loi à 5 pʳ %; dans le commerce, il peut légalement s'élever à 6 pʳ %.

Il y a *usure* toutes les fois que le taux de l'intérêt excède celui fixé par la loi.

L'usure est condamnée et flétrie par la loi religieuse, aussi bien que par la loi civile.

On reconnaît deux sortes d'intérêt, le *simple* et le *composé*.

L'intérêt simple est celui qui ne s'ajoute pas au capital à la fin de l'année pour former un nouveau capital.

L'intérêt composé s'ajoute au contraire chaque année au capital, et porte lui-même intérêt à 5 p^{re}/$_\circ$ par an.

Quel est l'intérêt d'une somme de 9500, empruntée pour 7 ans ?

$$\text{Capitaux, } 100 : 9500$$
$$\text{Intérêts. . } \quad 5 : x$$

$$\text{D'où } x = \frac{5 \times 9500}{100} = 475$$

En divisant 5 par cent, on aura l'intérêt d'un franc par an, et en multipliant cet intérêt par 9500, on obtiendra l'intérêt de cette dernière somme. Cet intérêt, multiplié par 7, donnera enfin l'intérêt de 7 ans. Ainsi, 9500 fr. prêtés à 5 p^r % par an, pour 7 ans, donneront 3325.

C'est d'après la règle d'intérêt composé que sont réglés les comptes des caisses d'épargne, heureuse innovation due à la prévoyance du Gouvernement, qui ne néglige

aucune occasion de prouver sa vive sollici-
tude aux classes industrielles, qui ont un
si grand besoin de l'ordre et de l'économie.
Ces caisses offrent aux ouvriers l'immense
avantage de pouvoir placer les plus petites
sommes à intérêt, et de les retirer à volonté.
Dans toutes les villes, elles ont produit les
plus heureux résultats et commandé la
plus entière confiance. Les hommes estima-
bles qui sont chargés d'élever la jeunesse,
doivent lui parler souvent de cette pré-
cieuse institution, afin de leur inspirer de
bonne heure le vif désir d'en profiter; et les
chefs des maisons commerciales doivent, en
expliquant aux ouvriers la marche loyale
et simple des administrateurs des caisses
d'épargne, détruire les derniers préjugés qui
pourraient encore laisser quelques craintes
sur des risques chimériques que les mal-
veillants, ennemis de toute amélioration,
n'ont pas manqué de propager, par des
motifs qui répugnent à la sagesse et à
l'amour éclairé des progrès.

Voici quelques-unes des principales dis-
positions réglementaires des caisses d'é-
pargne :

« La caisse d'épargne est une institution
» de bienfaisance, consacrée à recevoir les
» économies journalières que les employés,
» les artisans, les domestiques, les cul-
» tivateurs, et d'autres personnes labo-
» rieuses voudraient lui confier.

« Elle a été créée pour offrir à tous les
» citoyens, amis de l'ordre et de l'écono-
» mie, les moyens d'accumuler leurs moin-
» dres épargnes, d'en retirer un intérêt,
» et de se préparer ainsi une existence in-
» dépendante.

» Elle ne reçoit pas moins d'un franc,
» ni au-delà de 300 fr. du même déposant,
» chaque semaine.

» Elle cesse de recevoir du même dépo-
» sant, lorsque les dépôts successifs auront
» atteint le capital de 3000 f.

» Lorsque, par l'accumulation des in-
» térêts, le crédit d'un déposant dépassera
» 3000 fr. en capital, il ne lui sera bonifié
» aucun intérêt sur la somme excédent le
» maximun

Les sociétés de secours mutuels pour les
cas de maladies, d'infirmité ou de vieillesse, formées entre ouvriers et autres in-
dividus, et dûment autorisées, sont admises
à déposer tout ou partie de leurs fonds dans
les caisses d'épargne. Chacune de ces sociétés pourra déposer jusqu'à la somme de
6000 francs.

» Le taux de l'intérêt sera le même que
» celui qui est atteint par la caisse des con-
» signations, et qui est en ce moment de
» 4 pour cent; il ne commencera à courir
» que quinze jours après le versement et
» sur les sommes rondes de 10 fr. et ses
» multiples.

» Cet intérêt sera réglé à la fin de chaque
» trimestre, de chaque semestre, et de
» chaque année ; il sera capitalisé et pro-
» duira des intérêts pour l'année suivante.

» Le calcul des intérêts sera fait par nom-
» bre, ainsi qu'il est pratiqué dans le
» commerce.

» Aucun déposant ne pourra avoir plus
» d'un livret en son nom ou sous des noms
» supposés.

» Le contrevenant sera privé de tout
» intérêt et même de la faculté d'avoir un
» compte à la caisse.

» Le remboursement ne pourra avoir
» lieu que quinze jours après l'avertisse-
» ment par écrit. Les quinze jours ne pro-
» duiront pas d'intérêt. »

Les caisses d'épargne sont donc destinées
à recevoir les petites économies, pour les
rendre aux déposants, à leur volonté, avec
les intérêts accumulés. Aucune institution
ne méritent davantage la confiance, que celles qui tendent à appeler les hommes privés
des faveurs de la fortune, au travail et à
l'économie, afin de se préparer des res-
sources pour la vieillesse et de ne jamais
être obligé de recourir à la charité publique. Aussitôt que les hommes qui vivent
du produit de leur travail, sont entrés dans
les voies de l'économie, l'esprit d'ordre,
de propriété, de tempérance et de prévoyance, remplace en eux les goûts de

dissipation, et les mœurs publiques s'amé-
liorent. Alors ces hommes dignes de tant
d'intérêt, s'attachent davantage à l'ordre
social, ils s'élèvent, ils s'honorent à leurs
propres yeux et ils deviennent bons citoyens.

NOTICE

SUR LE SYSTÈME MÉTRIQUE.

Les peuples anciens conservaient, leurs
étalons de mesures dans les temples. Les
Romains les avaient déposés au Capitole.
Dans les états chrétiens, la garde en fut toujours confiée aux principaux magistrats des
provinces. Sous le règne de Justinien, il y
eut une vérification générale des poids et
mesures, et les originaux furent déposés
dans la principale église de Constantinople,
et des copies furent envoyées dans toutes
les provinces de l'Empire.

Par un zèle religieux mal entendu, Cons-
tantin avait laissé détruire les étalons con-
servés dans les temples païens, et c'est à
cette époque que disparurent toutes les an-
tiques coudées égyptiennes, dont l'usage
s'était perpétué jusque-là, malgré les in-
fluences grecque et romaine.

Les Romains, sévères pour eux-mêmes
dans l'usage des mesures adoptées, ne les
imposèrent pas aux peuples vaincus, et ne

firent jamais de sérieuses tentatives pour établir l'uniformité des poids et mesures dans toutes les parties de leur vaste empire. Les Grecs, sous ce rapport, avaient étendu l'influence de leur système métrique sur toutes les côtes de la Méditerranée ; ce système commençait à pénétrer en Egypte, en Syrie, dans l'Asie mineure, en Perse, et jusque dans les Indes, quand les Arabes parurent. Soit par la force des armes, soit par les encouragements donnés aux sciences et les honneurs accordés aux savants, les califes étendirent rapidement l'influence de leur système métrique et de leur numération en Asie, et en Afrique, et jusqu'en Espagne. Charlemagne l'adopta et acheva de le rendre universel. Un but si désirable eut été atteint sans l'invasion du système féodal en Europe.

En effet, l'altération des mesures commença en Occident, sous le règne de Charles-le-Chauve, à l'occasion des cens et des autres droits seigneuriaux. A cette époque désastreuse, chaque seigneur devint assez puissant pour introduire dans ses terres des usages conformes à ses intérêts. Alors, les mesures furent augmentées pour tirer de plus grands droits des vassaux. Dans certaines provinces, elles furent diminuées pour attirer un plus grand nombre de serfs.

Sous Charles-le-Chauve parut une ordonnance qui réduisit les mesures trop fortes, mais qui laissa subsister les mesures trop faibles. Philippe-le-Long fit saisir les monnaies des barrons et des prélats, et depuis cette époque, le droit de battre monnaie fut une attribution exclusive du souverain. Philippe-le-Bel, Philippe-le-Long, Louis XI, François I, et Henri II, tentèrent vainement plusieurs fois de réformer les poids et mesures. Des commissaires nommés pour ramener toutes les mesures des provinces à celles de Paris n'obtinrent aucun résultat.

Sous Henri II, on s'occupa de nouveau de la mesure du globe. En 1550. Fernel mesura un dégré du méridien sur la route de Paris à Amiens, à l'aide des roues d'une voiture. Cent ans plus tard, Snellius imagina l'emploi d'une chaîne de triangles pour cette opération géodésique, et mesura l'arc qui s'étend d'Alcmaer à Malines. Norvood, combinant les méthodes de ces deux savants, mesura en 1635 la route qui va de Londres à Yorck. En 1670, le savant qui venait de déterminer la distance d'Amiens à Malvoisine, trouva enfin une mesure de la terre sur laquelle il fut possible de compter.

Quelques années plus tard, le grand Colbert donna l'ordre de mesurer le méridien de Paris à travers la France.

Cette opération commença en 1683 et ne fut terminée qu'en 1718, sous la direction du fils de Cassini, qui proposa l'adoption d'un pied géométrique égal à la sixmillième partie de la minute du degré terrestre, ou la division du degré en soixante mille toises nouvelles.

En 1670, Mouton avait déjà demandé qu'on prit pour unité cette minute elle-même, qu'il subdivisait de dix en dix, ainsi qu'il sait: *Centuria, décuria virga, virgula deçima, centesima, millesima.*

Lacondamine et Bangues fournirent, en 1736, la preuve que la terre est aplatie aux pôles. En 1739 et 1740. Lacuelle et le petit-fils de Cassini firent une nouvelle mesure de la méridienne entre Perpignan et Dunkerque, et trouvèrent 57027 toises pour la valeur moyenne du degré. Plusieurs autres savants firent en 1762, et quelques années plus tard, de nouvelles expériences pour les mesures de plusieurs degrés en Piémont, dans les états Romains et Allemagne.

La distribution des toises, d'après le modèle de la toise employée à la mesure de l'arc du Pérou, en 1776, avait été un premier pas vers cette uniformité des poids et mesures réclamée depuis si longtems. Le vœu d'une réforme complète, fut exprimé dans un grand nombre de cahiers des charges remis aux membres des états-généraux. Les savants appuyèrent cette demande de tout leur crédit, et l'Assemblée constituante autorisa par un décret du 8 Mai 1790, la réunion d'un certain nombre de savants anglais et français, pour déterminer en commun la longueur du pendule simple qui bat la seconde sexagésimale à la latitude de 45 degrés et au niveau de la mer. Cette longueur devait être prise pour unité des mesures nouvelles, et les deux nations devaient s'engager à propager ces mesures dans tous les états civilisés.

Les savants français furent Borda, Lagrange, Laplace, Monge et Condorcet. Ils décidèrent qu'on mesurerait le quart du méridien, et que la dixmillionième partie de la distance de l'équateur au pôle serait prise pour unité, sous le nom de mètre. Dix mètres devaient former une *perche*; cent mètres, un *stade*; mille mètres, un *mille*; dix mille mètres, une *poste*; cent mille mètres, un *degré centésimal*; un million de mètres, une *décade*; qui était la dixième partie du quart du méridien. Les subdivisions du mètre étaient le *palme* ou dixième, le *doigt* ou centième, et le *trait* ou millième.

Une loi du 7 Avril 1795 déclara que la valeur du mètre était fixée à 443,44 lignes, et consacra les dénominations suivantes : *Myriamètre, hectomètre, décamètre, mètre, décimètre, centimètre, millimètre.*

Les travaux des savants ayant été interrompus jusqu'en 1799, une commission nouvelle fut formée à cette époque, et toutes les nations unies furent invitées à en-

voyer des commissaires dans son sein, pour
terminer la réforme du système des poids
et mesures. Les anglais refusèrent de s'as-
socier à nos savants, qui étaient Borda,
Bresson, Coulomb, Darcet, Delambre,
Haüy, Lagrange, Laplace, Lefèvre, Gineau,
Méchain et Rony. Les commissaires étrangers furent Acnèce et Van-Swinden, de la
Hollande; Balbo, de la Savoie; Bugge, du
Danemarck; Ciscao, d'Espagne; Fabbräni,
de Toscane; Franchini, de Rome; Mas-
chéroni, de Milan ; et Trallis, de la Suisse.

Après de longs et nombreux travaux, ces
savants trouvèrent pour le quart du méridien 5130740 toises, et, pour la valeur du
mètre, 443295936 lignes.

Une autre commission prépara le kilogramme de platine qui devait servir d'é-
talon ; il pèse dans le vide, comme un décimètre cube d'eau pure au maximum de
densité, qui s'observe à la température de
4,44 degrés centigrades.

Le 22 Juin 1799, le travail de la commission fut présenté au corps législatif avec
les prototypes du mètre et du kilogramme,
qui furent admis et déposés aux archives
de l'assemblée. Toutefois, le système métrique définitif ne fut légal qu'à partir du
2 Novembre 1801. En 1812, un décret im-
périal modifia ce système, en déclarant que
deux mètres feraient une toise, dont le pied
nouveau serait le sixième, que l'aune serait

de six décimètres, le boisseau le huitième de l'hectolitre, et la livre de 500 grammes. C'est ce décret que la loi du 4 Juillet 1837 a rapporté, en déclarant qu'à partir du 1 Janvier 1840, tous poids et mesures, autres que ceux établis par la loi du 11 Germinal an III et 9 Brumaire an VIII, seront interdits, sour les peines portées par l'article 479 du Code pénal.

QUESTIONNAIRE DE LA III° PARTIE.

Qu'appelle-t-on rapport ?

Qu'appelle-t-on antécédent et conséquent d'un rapport ?

Combien distingue-t-on de rapports ?

Qu'est-ce que le rapport arithmétique ?

Qu'est-ce que le rapport géométrique ?

Qu'est-ce que la règle de trois ?

Comment se fait la règle de trois ?

Qu'est-ce que la règle de société ?

Quand est-elle simple ?

Quand est-elle composée ?

Qu'est-ce que la règle d'intérêt ?

Qu'appelle-t-on intérêt simple ?

Qu'appelle-t-on intérêt composé ?

Dans quel but ont été créées les caisses d'épargne ?

Quelle est leur utilité ?

Comment est-on arrivé à la découverte du nouveau système métrique ?

FIN.

SUPPLÉMENT.

Quoique nous ayons dit, page 40, que dans notre nouveau système de numération, on ne fait plus usage des fractions ordinaires, cependant en faveur de ceux qui désireraient avoir quelques notions du calcul des fractions ordinaires, nous entrerons ici dans quelques détails à ce sujet.

Lorsqu'on multiplie le numérateur d'une fraction ordinaire par un nombre entier, la fraction devient autant de fois plus grande qu'il y a d'unités dans le nombre entier. En effet, le dénominateur indiquant en combien de parties égales l'unité entière a été partagée, et ce dénominateur ne changeant pas, on doit conclure que les parties restent de même grandeur. Mais le numérateur qui indique combien on prend de ces parties devenant par exemp. deux, trois, etc., fois plus grand, il en résulte que l'on prend un nombre de parties double, triple; de sorte que la fraction exprime une quantité double, triple. — On voit que si au lieu de multiplier le numérateur, on le divise, la fraction exprimera au contraire une quantité plus petite.

Lorsqu'on multiplie le dénominateur

d'une fraction par un nombre entier, la fraction devient autant de fois plus petite qu'il y a d'unités dans le nombre entier. En effet, on prend toujours le même nombre de parties, mais ces parties sont devenues plus petites, puisqu'on a partagé l'unité entière en un plus grand nombre de parties égales. Si au contraire on divise le dénominateur par un nombre entier, un raisonnement analogue prouvera que la fraction exprime une quantité plus grande.

CONSÉQUENCE.

La valeur d'une fraction ne change pas lorsqu'on multiplie ou qu'on divise par le même nombre les deux termes d'une fraction. Ainsi

$$\frac{5}{6} = \frac{5 \times 3}{6 \times 3} = \frac{15}{18}, \quad \frac{12}{20} = \frac{12 : 4}{20 : 4} = \frac{3}{5}.$$

On profite des principes précédens, 1° pour réduire une fraction à une expression plus simple, c'est-à-dire pour obtenir une fraction équivalente à la fraction proposée et exprimée en termes plus petits. Ainsi toutes les fois que les deux termes d'une fraction sont divisibles par le même nombre, on les divise par ce nombre. Par exemp. j'observe que les deux termes de la fraction $\frac{32}{56}$ sont divisibles par 8, je les divise par 8 et j'obtiens la fraction $\frac{4}{7}$ équivalente à $\frac{32}{56}$. Les deux termes de la fraction $^{60}/_{84}$ sont divisibles par 4, je les divise par 4 et j'obtiens $^{15}/_{21}$; mais les deux termes de cette dernière fraction sont encore divisibles par 3. En faisant cette nouvelle division, j'obtiens $^5/_7$, fraction équivalente à $^{60}/_{84}$.

2° Pour réduire deux fractions au même dénominateur ; pour cela, on multiplie les deux termes de chaque fraction par le dénominateur de l'autre. Ex. soient les deux fractions $^3/_4$, $^5/_7$ à réduire au même dénominateur ; j'obtiens, en suivant la règle précédente,

$$\frac{3}{4} = \frac{3 \times 7}{4 \times 7} = \frac{21}{28} \quad \text{et} \quad \frac{5}{7} = \frac{5 \times 4}{7 \times 4} = \frac{20}{28}$$

Si l'on a plus de deux fractions, on multiplie les deux termes de chacune par le produit des dénominateurs de toutes les autres. Ex. soient les fractions $^2/_3$, $^4/_5$, $^3/_7$, je multiplie les deux termes de la première par le produit $5 \times 7 = 35$ des dénominateurs des deux autres, les deux termes de la seconde par $3 \times 7 = 21$, et enfin les deux termes de la troisième par $3 \times 5 = 15$ et j'obtiens $^{70}/_{105}$, $^{84}/_{105}$, $^{45}/_{105}$.

ADDITION DES FRACTIONS.

Les fractions qui ont le même dénominateur exprimant des unités de même espèce et le numérateur indiquant combien on prend de ces unités, leur addition se fait en ajoutant tous les numérateurs et en donnant à cette somme le dénominateur commun à toutes ces fractions. Ex. $^3/_{17} + {}^5/_{17} + {}^6/_{17} = {}^{14}/_{17}$.

SOUSTRACTION DES FRACTIONS.

La soustraction de deux fractions qui ont le même dénominateur, se fait en soustrayant le plus petit numérateur du plus grand et en donnant à la différence le dénominateur commun. Ex. $^{15}/_{19} - {}^7/_{19} = {}^8/_{19}$.

Remarque. Lorsque les fractions n'ont pas le même dénominateur, on doit commencer par les réduire au même dénominateur. On peut alors leur appliquer les règles précédentes.

MULTIPLICATION DES FRACTIONS.

La multiplication peut se définir ainsi : c'est une opération par la laquelle on forme un nombre appelé produit avec un autre nombre appelé multiplicande de la même manière qu'un 3e nombre appelé multiplicateur a été formé avec l'unité entière. Ex : $4 \times 5 = 20$; de même qu'on a répété l'unité 5 fois pour obtenir 5, de même on a répété 4, 5 fois pour former 20. Il en résulte que lorsque le multiplicateur est un nombre entier, le produit se forme en répétant le multiplicande plusieurs fois et est parconséquent plus grand que le multiplicande. Au contraire lorsque le multiplicateur sera une fraction, le produit se formera en prenant une partie du multiplicande, parce qu'on a formé le multiplicateur en prenant une partie de l'unité. Le produit sera donc dans ce cas plus petit que le multiplicande.

Ainsi 1° multiplier, par ex : , $^5/_{12}$ par 3, c'est rendre la fraction $^5/_{12}$ trois fois plus grande, ce qui se fait, comme on l'a vu, soit en multipliant le numérateur 5 par 3, soit en divisant le dénominateur 12 par 3. On obtient par conséquent $^{15}/_{12}$ ou $^5/_4$, fractions équivalentes.

2° Multiplier, par ex : , $^5/_7$ par $^3/_4$, c'est prendre les $^3/_4$ de $^5/_7$, ce qui ce qui se fera en rendant la fraction $^5/_7$ quatre fois plus petite pour en prendre d'abord le quart, puis en répétant le résultat 3 fois. Mais nous avons vu que l'on rend une fraction plus petite en rendant son dénominateur plus grand, nous aurons donc $^5/_{28}$ pour le quart de $^5/_7$; nous rendrons ensuite le résultat 3 fois plus grand, ce qui donnera $^{15}/_{28}$.

Concluons donc que pour multiplier une fraction par un nombre entier, il faut ou multiplier son numérateur, ou diviser son dénominateur par ce nombre entier, et que pour multiplier une fraction par une fraction, il faut multiplier les numérateurs des deux fractions l'un par l'autre ainsi que les dénominateurs.

DIVISION DES FRACTIONS.

La division est une opération inverse de la multiplication. Elle a pour but, étant donnés un produit et l'un de ses facteurs, de trouver l'autre facteur. Le produit se nomme dividende ; le facteur connu, diviseur, et le facteur cherché, quotient, soit donc à $^{12}/_{17}$ diviser par 4. On se propose de chercher quelle est la quantité qui, multipliée par 4, c'est-à-dire, répétée 4 fois, donne $^{12}/_{17}$. Il est évident que cette quantité doit être 4 fois plus petite que $^{12}/_{17}$; or, pour rendre cette quantité quatre fois plus petite, nous avons vu qu'on pouvait diviser son numérateur par 4, ou multiplier son dénominateur par 4; donc nous obtenons pour la quantité cherchée $^{3}/_{17}$ ou $^{12}/_{68}$.

Soit en second lieu à diviser $^{5}/_{7}$ par $^{4}/_{9}$. Il faudra qu'en multipliant le quotient par $^{4}/_{9}$, c'est-à-dire, en en prenant les $^{4}/_{9}$, on obtienne $^{5}/_{7}$. Ainsi on doit regarder $^{5}/_{7}$ comme étant les $^{4}/_{9}$ du quotient. Rendons $^{5}/_{7}$ 4 fois moindre, ce qui donne $^{5}/_{28}$: $^{5}/_{28}$ ne sera plus que le $^{1}/_{9}$ du quotient. Donc en multipliant $^{5}/_{28}$ par 9, ce qui donne $^{45}/_{28}$, nous aurons enfin 9 fois le $^{1}/_{9}$ du quotient, c'est-à-dire, le quotient tout entier.

Donc pour diviser une fraction par un un nombre entier, il faut ou bien diviser son numérateur, ou bien multiplier son dénominateur par ce nombre ; et pour diviser une fraction par une fraction , il faut multiplier le numérateur de la fraction dividende par le dénominateur de la fraction diviseur, et le dénominateur de la fraction dividende par le numérateur de la fraction diviseur. On peut encore dans ce dernier cas énoncer la règle de la manière suivante : il faut multiplier la fraction dividende par la fraction diviseur renversée. Exemp. $^2/_3 : {}^4/_5 = {}^2/_3 \times {}^5/_4 = \dfrac{2 \times 5}{3 \times 4} = {}^{10}/_{12}.$

TABLE DES MATIÈRES.

PREMIÈRE PARTIE.

DEUXIÈME PARTIE.

TROISIÈME PARTIE.

SUPPLÉMENT.

FIN DE LA TABLE DES MATIÈRES.